高等职业教育服装专业信息化教学新形态系列教材

丛书顾问：倪阳生　张庆辉

服装绘画技法

CLOTHING PAINTING TECHNIQUES

主　编　李　敏　王雪梅

副主编　张春夏

参　编　祖秀霞　曲　侠　韩英波

　　　　魏　丹　崔凤宇

北京理工大学出版社

BEIJING INSTITUTE OF TECHNOLOGY PRESS

内容提要

本书包括服装人体绘画、服装绘画、服装质感表现、服装款式图绘画四个项目。全书以服装公司产品设计开发工作流程为主导，以设计效果图、款式图的绘画项目为模块，以任务为引领，以计算机绘画软件Photoshop、Illustrator为载体，利用手绘板将手绘与计算机软件绘画完美融合。通过分解典型工作任务中的核心技能、设计任务点，结合实例将复杂的绘画步骤进行详细讲解，既是一本精美的时装画作品集，也是一本实用的操作手册。同时，本书还可通过扫描二维码浏览丰富的数字资源，包括图片、微课视频、实例分析等，方便学生课前预习及课后反复训练使用。

本书可作为高等职业院校服装与服饰设计、服装设计与工艺专业的教材，也可以供服装设计工作者、服装设计爱好者参考借鉴。

图书在版编目（CIP）数据

服装绘画技法 / 李敏，王雪梅主编.—北京：北京理工大学出版社，2020.1（2020.2重印）

ISBN 978-7-5682-7961-1

Ⅰ.①服… Ⅱ.①李… ②王… Ⅲ.①服装设计－绘画技法－高等学校－教材 Ⅳ.①TS941.28

中国版本图书馆 CIP 数据核字（2019）第 253463 号

出版发行 / 北京理工大学出版社有限责任公司
社　　址 / 北京市海淀区中关村南大街 5 号
邮　　编 / 100081
电　　话 /（010）68914775（总编室）
（010）82562903（教材售后服务热线）
（010）68948351（其他图书服务热线）
网　　址 / http: //www.bitpress.com.cn
经　　销 / 全国各地新华书店
印　　刷 / 天津久佳雅创印刷有限公司
开　　本 / 889 毫米 ×1194 毫米　1/16
印　　张 / 8
字　　数 / 223 千字
版　　次 / 2020 年 1 月第 1 版　2020 年 2 月第 2 次印刷
定　　价 / 52.00 元

责任编辑 / 江　立
文案编辑 / 江　立
责任校对 / 刘亚男
责任印制 / 边心超

高等职业教育服装专业信息化教学新形态系列教材

编审委员会

丛书顾问

倪阳生　　中国纺织服装教育学会会长、全国纺织服装职业教育教学指导委员会主任

张庆辉　　中国服装设计师协会主席

丛书主编

刘瑞璞　　北京服装学院教授，硕士生导师，享受国务院特殊津贴专家

张晓黎　　四川师范大学服装服饰文化研究所负责人、服装与设计艺术学院名誉院长

丛书主审

钱晓农　　大连工业大学服装学院教授、硕士生导师，中国服装设计师协会学术委员会主任委员，中国十佳服装设计师评委

专家成员（按姓氏笔画排序）

马丽群　王大勇　王鸿霖　邓鹏举　叶淑芳
白嘉良　曲　侠　乔　燕　刘　红　孙世光
李　敏　李　程　杨晓旗　闵　悦　张　辉
张一华　侯东昱　祖秀霞　常　元　常利群
韩　璐　薛飞燕

总序 PREFACE

服装行业作为我国传统支柱产业之一，在国民经济中占有非常重要的地位。近年来，随着国民收入的不断增加，服装消费已经从单一的遮体避寒的温饱型物质消费转向以时尚、文化、品牌、形象等需求为主导的精神消费。与此同时，人们的服装品牌意识逐渐增强，服装销售渠道由线下到线上再到全渠道的竞争日益加剧。未来的服装设计、生产也将走向智能化、数字化。在服装购买方式方面，“虚拟衣柜”“虚拟试衣间”和“梦境全息展示柜”等3D服装体验技术的出现，更是预示着以“DIY体验”为主导的服装销售潮流即将来临。

要想在未来的服装行业中谋求更好的发展，不管是服装设计还是服装生产领域都需要大量的专业技术型人才。促进我国服装设计职业教育的产教融合，为维持服装行业的可持续发展提供充足的技术型人才资源，是教育工作者们义不容辞的责任。为此，我们根据《国家职业教育改革实施方案》中提出的“促进产教融合　校企‘双元’育人”等文件精神，联合服装领域的相关专家、学者及优秀的一线教师，策划出版了这套高等职业教育服装专业信息化教学新形态系列教材。本套教材主要凸显三大特色：

一是教材编写方面。由学校和企业相关人员共同参与编写，严格遵循理论以“必需、够用为度”的原则，构建以任务为驱动、以案例为主线、以理论为辅助的教材编写模式。通过任务实施或案例应用来提炼知识点，让基础理论知识穿插到实际案例当中，克服传统教学纯理论灌输方式的弊端，强化技术应用及职业素质培养，激发学生的学习积极性。

二是教材形态方面。除传统的纸质教学内容外，还匹配了案例导入、知识点讲解、操作技法演示、拓展阅读等丰富的二维码资源，用手机扫码即可观看，实现随时随地、线上线下互动学习，极大满足信息化时代学生利用零碎时间学习、分享、互动的需求。

三是教材资源匹配方面。为更好地满足课程教学需要，本套教材匹配了“智荟课程”教学资源平台，提供教学大纲、电子教案、课程设计、教学案例、微课等丰富的课程教学资源，还可借助平台组织课堂讨论、课堂测试等，有助于教师实现对教学过程的全方位把控。

本套教材力争在职业教育教材内容的选取与组织、教学方式的变革与创新、教学资源的整合与发展方面，做出有意义的探索和实践。希望本套教材的出版，能为当今服装设计职业教育的发展提供借鉴和思路。我们坚信，在国家各项方针政策的引领下，在各界同人的共同努力下，我国服装设计教育必将迎来一个全新的蓬勃发展时期！

高等职业教育服装专业信息化教学新形态系列教材编委会

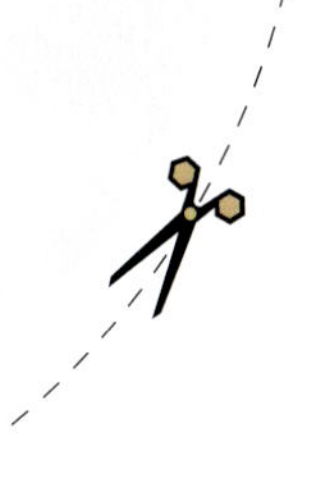

FOREWORD 前言

服装设计绘画（服装效果图）是服装设计专业核心的专业必修课程，是学生设计能力培养的主打课程。本课程着重培养学生的设计思维表达能力，同时具备使用各种绘图工具和绘图技法绘制服装设计效果图和服装平面款式图的能力，使学生能应用绘画技法将服装设计构思通过不同人体姿态，形象地表达出来。服装效果图是服装工业产品款式开发的技术文件，绘制服装效果图能力的培养是学生未来从事职业工作时的必备条件。本课程为服装结构设计、服装设计等课程奠定了扎实的基础，进而达到更好地培养学生服装设计能力的目的。

结合学生基础和高职教学特点，课题组教师在规范教学大纲和内容上做了大量的教学研究工作，对该课程的定位进行了认真分析，明确了本课程在专业设计课教学中的桥梁作用，从而将本课程的教学目的定位在培养设计思维能力和表现技法训练上，并根据生源情况有针对性地制定教学方法，培养学生的动手能力。课程在“服装平面款式图绘画表现”部分着重进行了讲解，旨在培养基础扎实、善于创新、专业技能强、综合素质高的应用型专业人才。

随着时代的进步，计算机绘图软件在服装设计绘画中的应用越来越广泛，本书便是从服装效果图的绘画要领开始讲解，结合设计实例，借助手绘板将手绘与计算机绘图软件完美结合，绘画设计步骤详细，内容由浅入深、图文并茂，并配有大量的数字化资源，便于学生课后自学、反复练习时使用。本书内容具有真实性、原创性、专业性和科学性，深受学生的喜欢。

本书由辽宁轻工职业学院李敏、王雪梅任主编，大连艺术学院张春夏任副主编，北京彤彩科技有限公司魏丹提供 3D 试衣案例，大杨集团设计师崔凤宇提供企业工作流程分析，辽宁轻工职业学院祖秀霞、曲侠、韩英波老师参加课程资源建设，在此感谢老师们的辛勤付出。本书参考了国内外品牌设计的优秀作品，借鉴了国内年轻的新生代插画家及服装设计师的绘画作品，在此谨向这些作者一并表示诚挚的谢意。

由于编者水平有限，书中难免有不妥和疏漏之处，敬请各位专家、同行及读者批评指正。

编　者

目录 CONTENTS

项目一 服装人体绘画

任务一　人体绘画准备

一、任务要求

（1）准备绘画工具并安装绘图软件。

（2）熟悉绘图软件基础操作界面及常用工具。

Photoshop 软件基础界面介绍

Illustrator 软件基础界面介绍

二、任务准备

（1）准备直尺、A4 大小纸张、0.3 或 0.5 号自动铅笔以及 2B 橡皮。

（2）准备电子透台、手绘板及计算机。

（3）安装 SAI、Photoshop、Illustrator 绘图软件。

（4）下载课程资源。

时装画的发展

时装画与服装设计的关系

三、任务考核

（1）了解时装画的发展历程。

（2）掌握绘图软件的基本操作。

任务二　资料收集

一、任务要求

（1）收集符合当季流行趋势的模特妆容、发型资料。

（2）选择具有代表性的常用人体动势图片。

人体动势图片

二、任务准备

（1）根据服装流行资讯调研，收集常用人体动势及流行妆容、发型图片资料。

（2）收集服装人体绘画图片资料。

（3）通过 POP 服装趋势网等网站进行资料收集并整理常用人体动势图片。

三、任务考核

（1）掌握资料收集、分类整理方法。

（2）能够搭建自己的资料库框架。

任务三　绘制人体动势模板

人体骨骼、肌肉名称

一、任务要求

（1）学习并掌握人体比例及常用人体动势的重心平衡变化规律。

（2）了解并掌握人体骨骼、肌肉的名称、形状、结构关系。

二、任务准备

1．了解并掌握人体比例

服装是以人体为载体而进行的实用型艺术设计，而时装画正是基于此对人物与服装加以美化的艺术表现。了解人体比例可以加快初学者对人体动态、人体局部结构（五官、手脚等）的了解与掌握，所以对初学者来讲至关重要。在学习时装画的初期切莫心急，须扎实打好基本功，因为人体结构是人体绘画的基础，所以必须掌握。白色人种、黑色人种、黄色人种和混血人种的皮肤及头发的颜色虽然有所不同，但骨骼的比例相差不大，因为人具有一种区别于动物的某种特定法则，通过学习这个法则我们就能够很好地表现人体结构。

头身比是人体绘画中衡量全身视觉平衡的工具，主要是指人的头长与身高的比例，绘画时会根据服装种类的不同进行相应拉伸。普通人的头身比例是 1∶7 或 1∶7.5，普通 T 恤等休闲类服装通常采用 1∶8.5 的比例；礼服、婚纱、长裙一类的服装，在绘画时则常采用 1∶10 的头身比例。

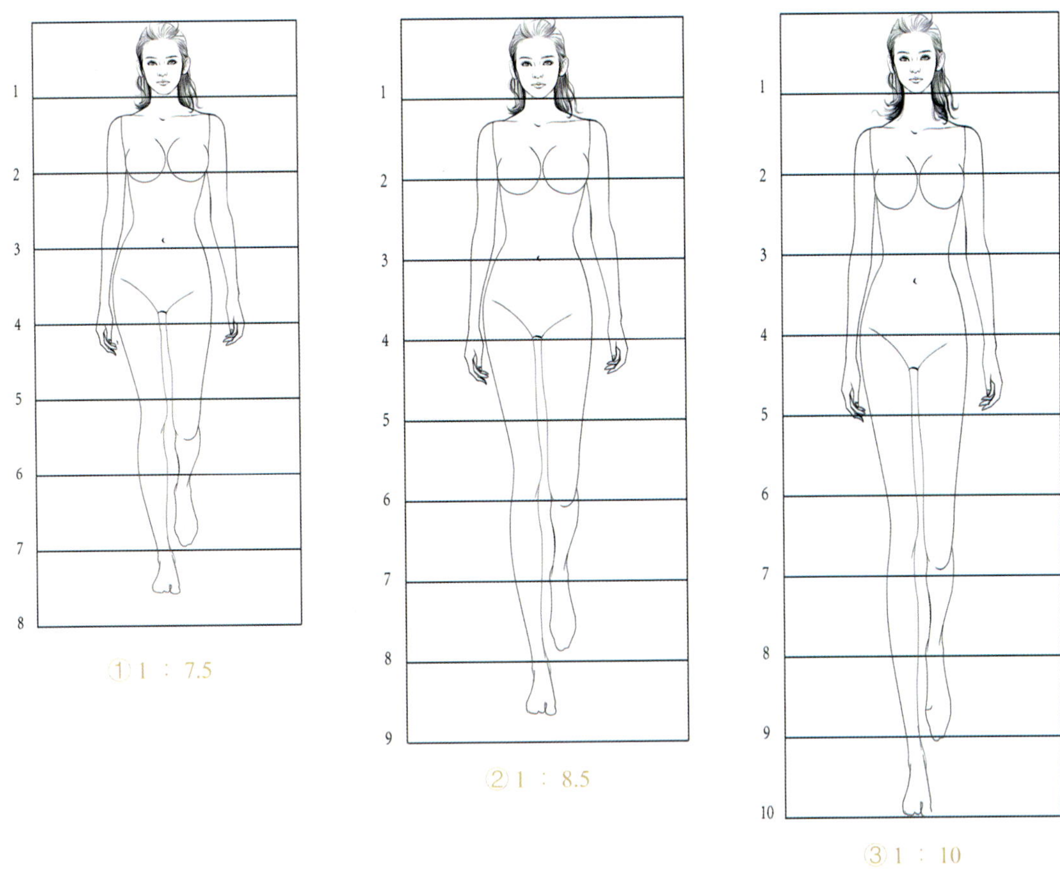

①1 ：7.5

②1 ：8.5

③1 ：10

2．构图

绘画之前，首先须注意画面的构图，模特主体须大小、位置适中。大小过大、过小或位置过偏，都是不可取的。

①过偏、过小的构图

②大小位置适中的构图

③过大的构图

3. 了解人体廓形

时装画在绘画人体之前，我们先来了解一下人体廓形，这样可以将复杂的人体进行概括，便于初学者绘画掌握。

人体的几何廓形包括头部、颈部、躯干、四肢、手、脚六大部分。

头部：椭圆形

颈部：圆台型

胸廓部：倒梯形

骨盆：正梯形

四肢：长方形

手部：楔形

脚部：三角形

关节：球形

正常站立时人体的比例关系

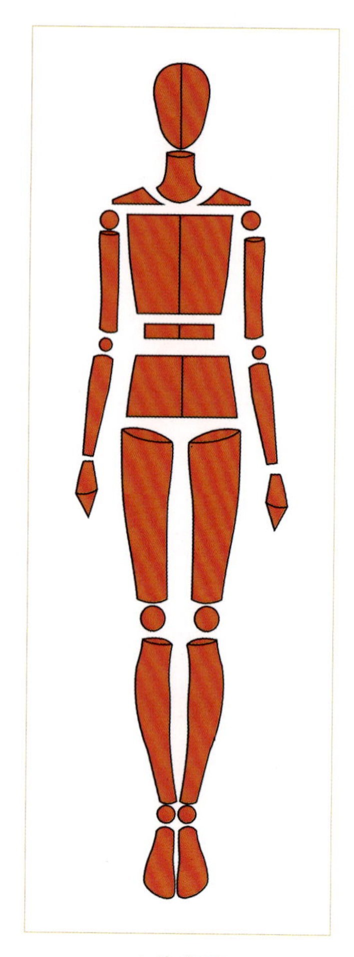

人体廓形

三、任务考核

（1）掌握时装画不同类型服装的人体比例。

（2）掌握时装画构图原则。

（3）能够根据服装类型，熟练绘制比例相符的女人体、男人体及儿童人体常用动势。

四、参考实例

1. 绘制正面直立人体

我们须在绘画前做好构图规划。初学时可以按 1：8.5 头身比例建立一个网格模板，在画面适当的位置画 9 条平行线和 1 条垂直于水平线的重心线。具体步骤如下所述。

①从头部开始绘制，按照头部 10 ∶ 6 的长宽比例，画一个椭圆。

②绘制脖子，先确定颈窝点的位置，在整体比例中第 2 条线与第 3 条横线的 1/2 处画水平线。颈窝点的位置同时是肩宽的位置，肩宽大约等于两个头宽。脖子的宽度略窄于脸的宽度。上细下粗，并画出颈窝弧线。侧颈点在下颏与颈窝的中间，连接侧颈点与肩端点绘制肩斜线。

③确定腰的位置，腰在第 4 条横线上，腰宽大约是 1.5 倍的头宽。

④确定臀围线的位置在第 5 条横线上，臀宽大于或等于肩宽。

⑤确定胸廓位置，将第 2、3 横格部分纵向分割为 3 等份。胸廓线在第 3 格的下 1/3 处，略窄于肩宽。

⑥决定髂骨位置，髂骨在第 4 个格的上 1/3 处，略窄于臀宽。

⑦进行躯干绘制，将躯干部分的比例点直线连接，就获得了躯干部分的廓形。

⑧四肢绘制。

首先须确定上肢与下肢的关节点。我们将肩关节与肘关节、膝关节、踝关节绘画为球形，注意区分大小，肩关节安排在肩部，1/3 镶嵌在躯干内；肘关节位置与腰线平齐；腕关节在臀围线之下略长；膝关节在第 7 根横线上；踝关节在第 9 根横线上，然后用直线将关节连接。

⑨手脚的绘制。

手的长度大约是 3/4 头长；脚的长度大约等于 2/3 头长，因为人的脚是向前生长，所以有透视关系，会因为穿高跟鞋产生透视拉长的感觉。

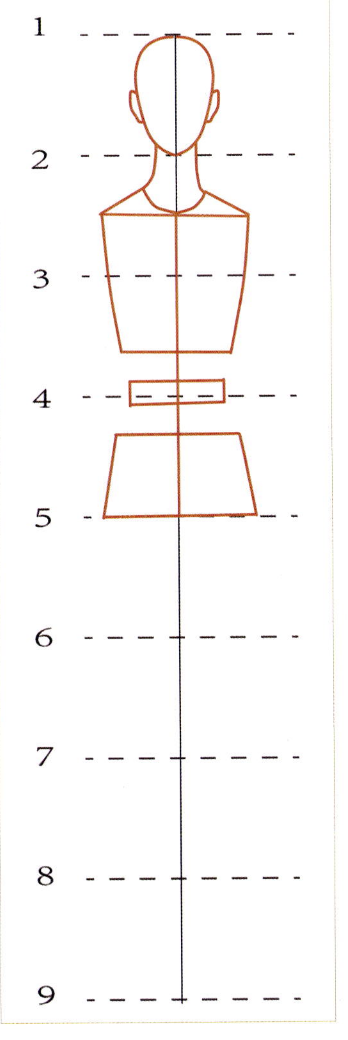

绘制躯干

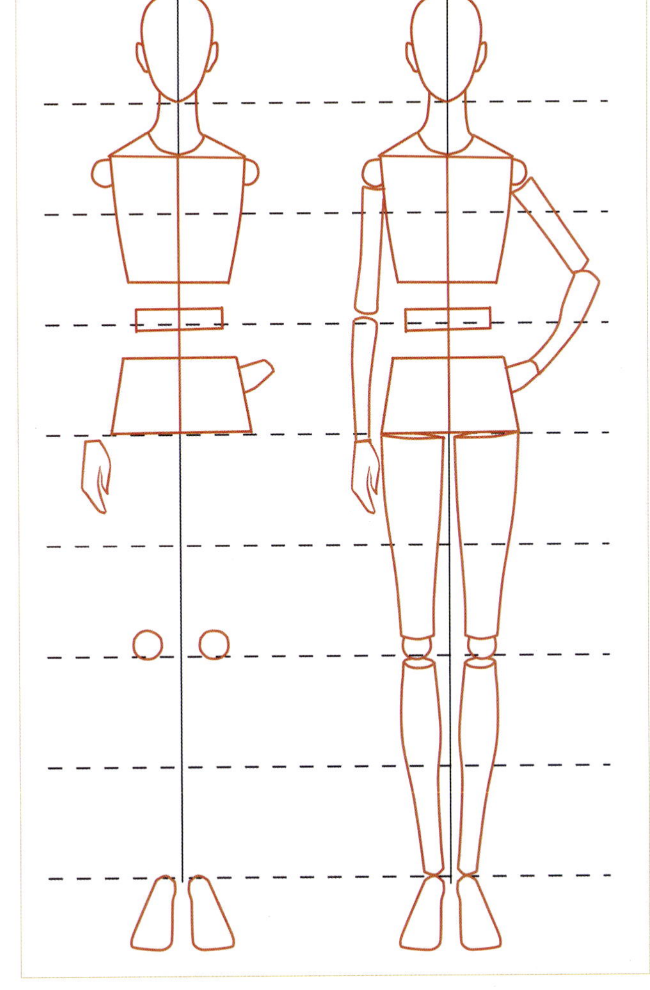

绘制四肢

2．重心平衡下正面人体动势变化的绘制

①绘制人体的躯干。首先绘制人体的头颈关系，找到颈窝点，向地面引垂线作为重心线。然后绘制人体躯干的中线（动势线），人体的肩部与臀部发生转折变化，骨盆向右侧倾斜，左侧上提，重心产生偏移，左腿承重。肩部水平线与臀围水平线垂直于中心线（动势线）。人体的中心线与重心线形成夹角，角度越大，动势感越强。

②绘制人体的四肢。先在画面中安排好关节点的位置，再直线连接，最后调整曲线。须注意的是在绘制承重的左腿时，膝盖受力向后弯曲，绷直后，左脚落在重心点上。

绘制躯干及四肢

③肌肉填充。刚刚画好的人体感觉缺少生气与美感。这种情况下我们需要将人体的曲线表现出来，在人体框架上填充肌肉使绘画出的人体生动起来，但这需要绘画者在掌握一定的人体解剖知识的基础上进行绘画，才能有好的效果体现。

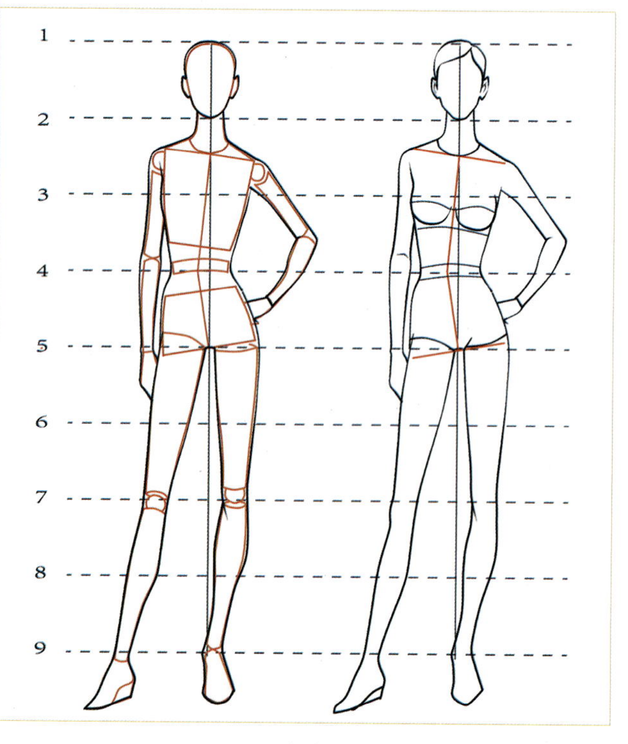

肌肉填充

常用人体动势
绘画步骤

须注意的是绘制人体时，须先勾勒草图，分析人体动态的变化规律、动势线、重心线、关节点的位置，再开始绘制人体。也可以事先准备一些动势模板，这样可以大大提高设计表达的工作效率。

任务四　绘制人体头部及五官

一、任务要求

通过对参考图片的临摹绘画，学习并掌握人体头部结构与五官的比例及不同角度的透视关系。

人体头部绘画

模特妆容图片

二、任务准备

收集不同性别、年龄的人物头像图片。

三、任务考核

（1）掌握男、女以及儿童头部五官比例及发型绘画方法。

（2）掌握不同角度头部五官的透视关系，能够熟练绘制人体五官及发型。

四、参考实例

1．八宫格绘制人体头部与五官

时装画的头部与五官绘画是观赏者的视觉中心，五官画的好坏直接反映出绘画者的绘画功底，同时，也会影响画面的视觉效果。特别是通过五官的表情可以体现人物的性格，并且能够进一步体现服装设计的目标定位与风格，从而使目标消费者对服装产生喜爱与占有欲望。掌握五官的比例与透视规律是进一步刻画人物的基础。

下面我们就以正面平视头部为例，具体讲解如何运用八宫格绘制人体头部与五官。已知数据如下：正面头部的长宽比例是 10 ∶ 6，3/4 侧面头的长宽比是 10 ∶ 7，正侧面头部长宽比是 10 ∶ 8。

①画一个长宽比为 10 ∶ 6 的矩形。因为人体是左右对称的，所以我们把头部矩形分为左右两部分，再横向平均分成 4 份，最终形成一个八宫格，这样便于我们绘制左右对称的头部和脸部。

②以头宽作为直径，画一个圆，作为头的颅骨部分。

③绘制下颌。

④在头部两侧，即第三个格里画出耳朵。

⑤将画面横向分割为 4 等份，分别为发际线、眉弓、鼻子以及下颌。

⑥确定嘴的位置，嘴在第四个格的上 1/2 处。

⑦确定眉毛、眼睛的位置，两眼间距离为一个眼睛的宽度。

⑧整理完成绘画。

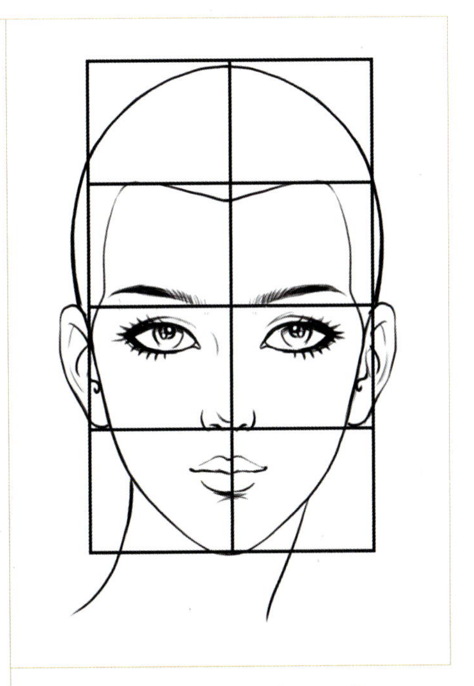

八宫格绘制人体头部与五官

2．八宫格绘制不同角度的人体头部

我们通过改变头部的长宽比例可以获得 3/4 侧面及正侧面的头部五官比例及俯视、仰视时五官位置的变化。绘制时参考线的应用，可以让我们更快地把握五官的透视变化原理，准确绘制人体五官。

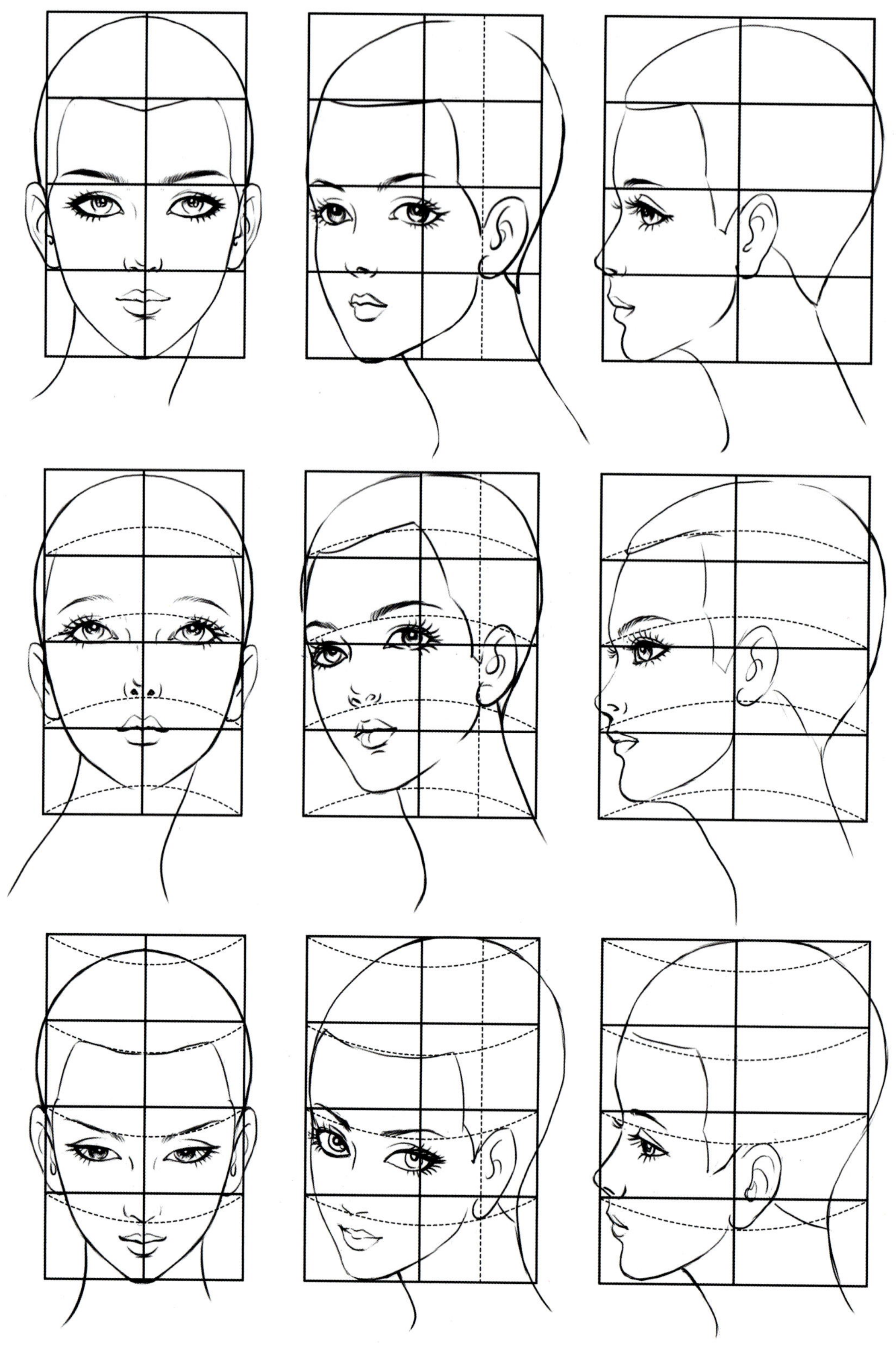

八宫格绘制不同角度的人体头部

3．眉毛与眼睛的绘制

我们常说眼睛是心灵的窗口，最能体现人物的情感变化，是吸引人注意力的重要部分，所以，眼睛的刻画尤为重要。眼睛主要包括眼睑、眼眶、眼球、睫毛四部分，绘画时常与眉毛一起组合绘画，具体绘画步骤如下所述。

①绘制基本型。眼睛的基本型类似一个平行四边形，内眼角低、外眼角高；绘画眉毛时，将眼睛分为 3 份，眉峰在第二等分处。

②细节绘制。绘制上下眼睑，眼仁、瞳孔，须注意黑眼仁要藏在上眼睑部分；绘制眉毛时注意眉毛的生长方向。

③绘制明暗关系。根据人体的头部骨骼结构绘制眼睛的明暗关系。重点描绘眼窝的深度，以体现鼻梁的高度。

①绘制基本型。

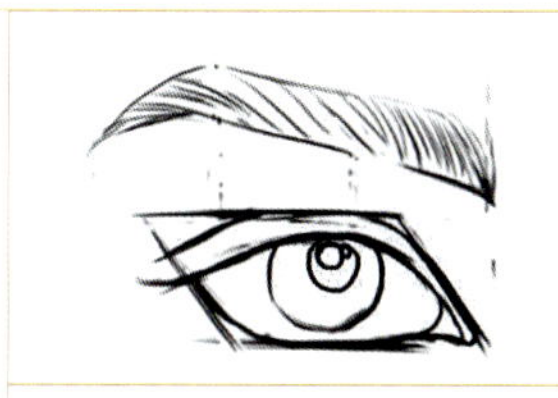

②细节绘制。

③绘制明暗关系。

4．鼻子的绘制

鼻子的绘制重点是鼻子底部的阴影及鼻翼与鼻孔的刻画。眼窝与鼻梁的阴影最能体现面部的立体感。

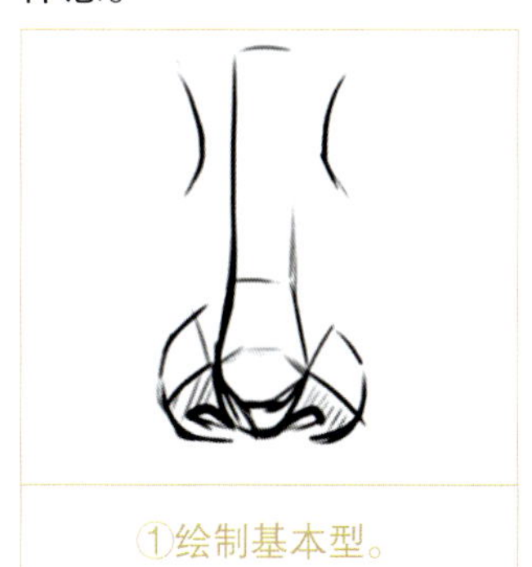

①绘制基本型。

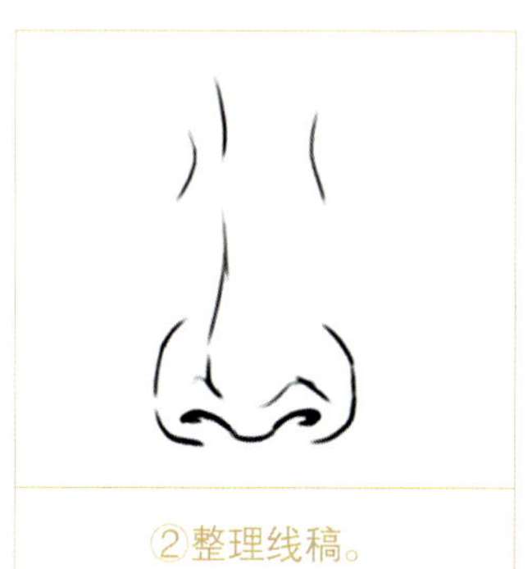

②整理线稿。

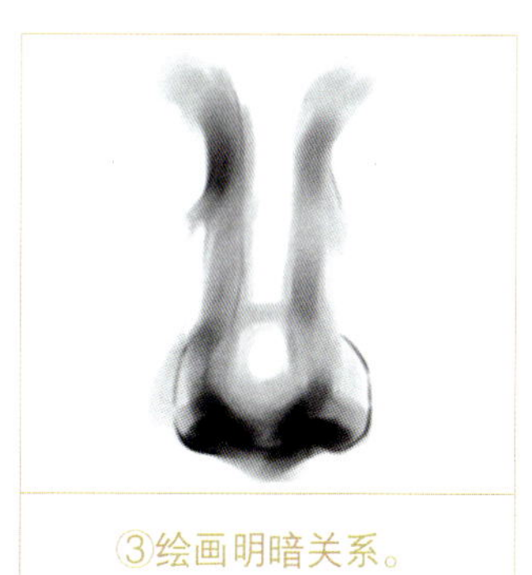

③绘画明暗关系。

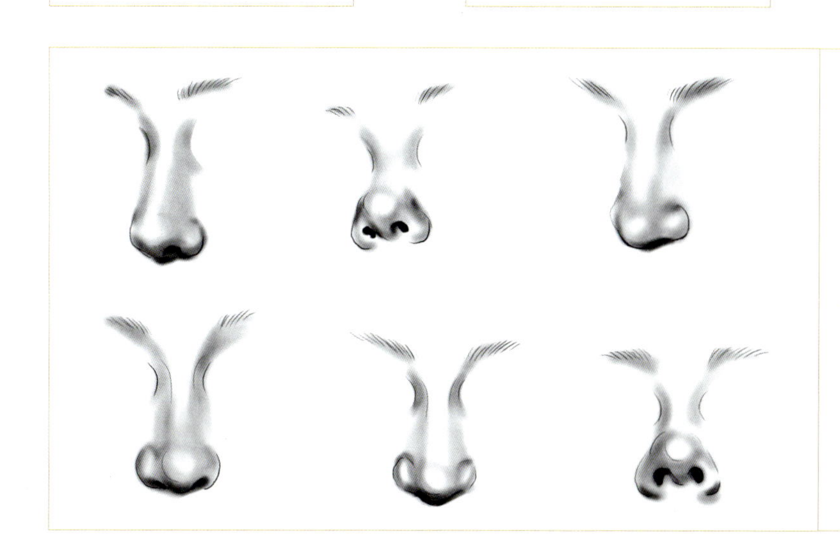

④正面、3/4 侧面鼻子，俯视、仰视的变化。

5．嘴的绘制

嘴的画法重点是嘴角及口裂部分。

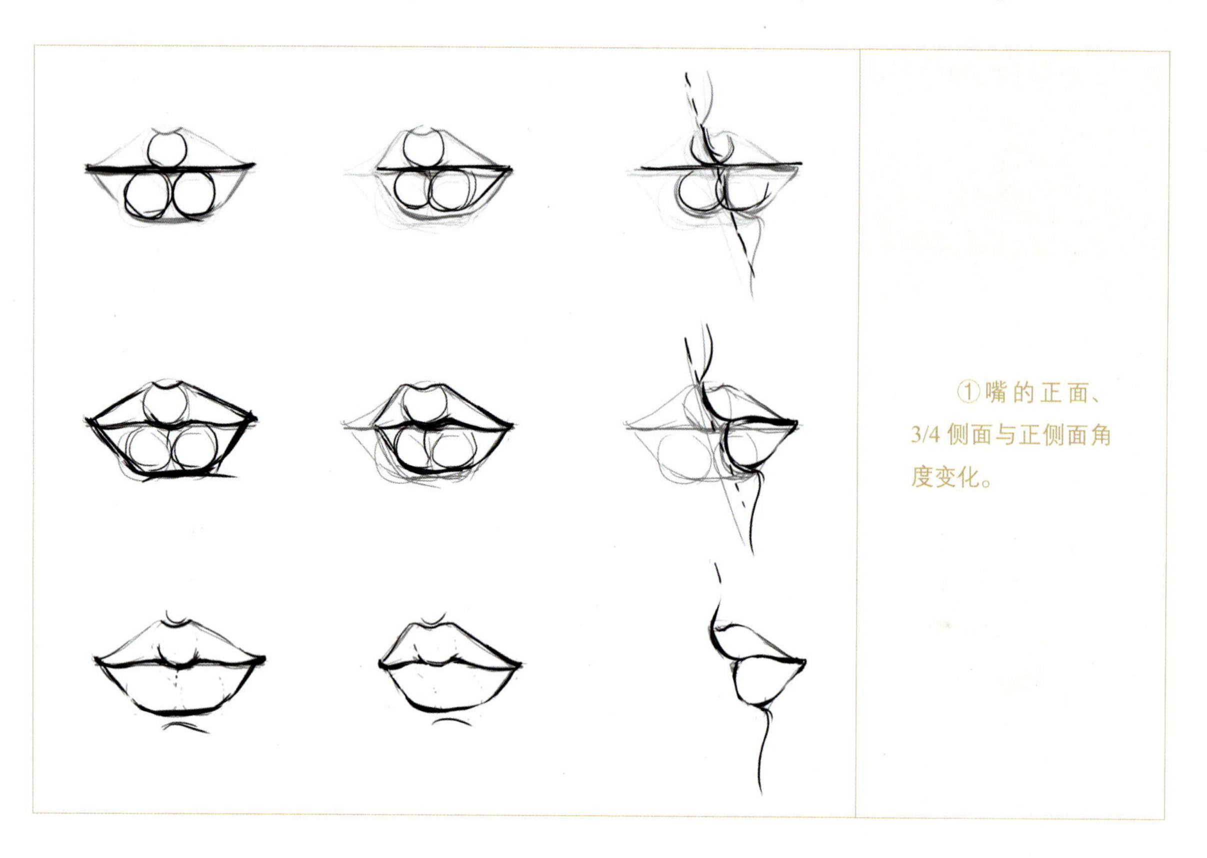

①嘴的正面、3/4 侧面与正侧面角度变化。

6．耳朵的绘制

耳朵位于头部两侧，在时装绘画中一般概括处理，但是在绘制侧面人体时，耳朵就会暴露出来，所以同样需要认真学习绘制耳朵的结构与明暗关系的方法。耳朵的具体绘制步骤如下所述。

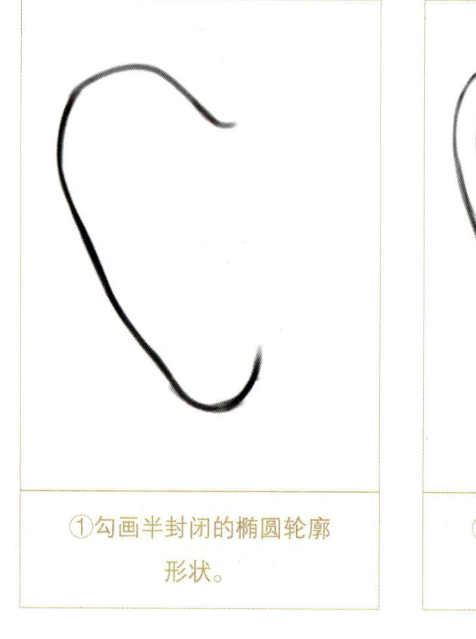

①勾画半封闭的椭圆轮廓形状。

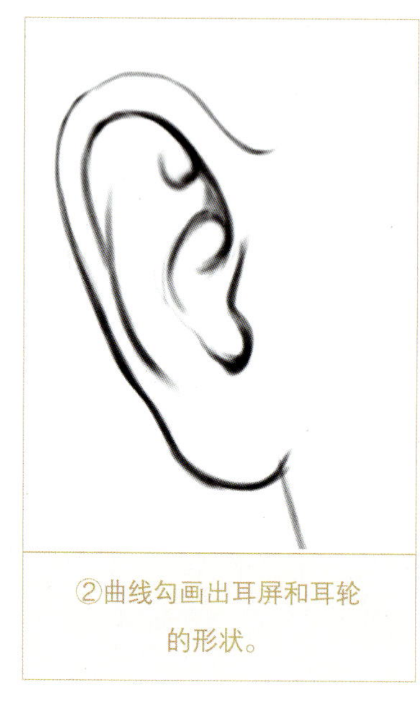

②曲线勾画出耳屏和耳轮的形状。

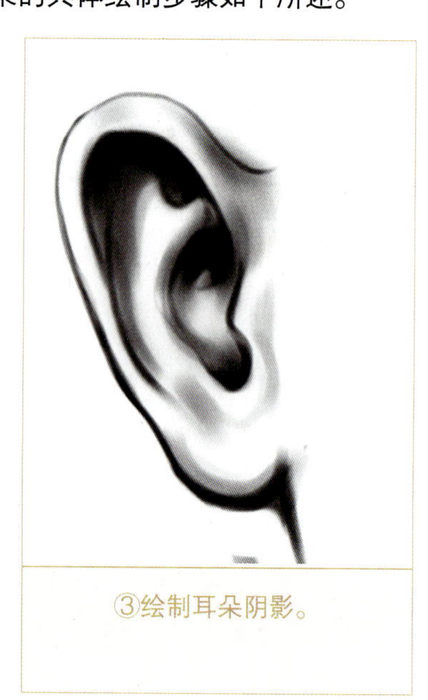

③绘制耳朵阴影。

接下来，我们将使用 Photoshop 软件绘制女性、男性以及儿童的五官妆容。

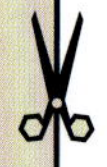

1．女性五官妆容绘制

①绘制线稿。新建“线稿”图层，选择“硬边圆压力大小”画笔勾勒线稿，设置画笔大小、重点勾勒五官。将线稿放置在图层面板的顶层。	②绘制皮肤基础色。新建“皮肤基础色”图层、选择“自由套索工具”创建选区，选择皮肤基础色、使用油漆桶工具填充皮肤基础色。	③绘制皮肤暗部。新建“皮肤暗部”图层，按人体头部骨骼肌肉的结构及光源方向，绘制脸部光影明暗，选择“硬边圆压力大小”笔刷，调整笔刷透明度为 65%、硬度为 35%，塑造脸部的立体感。重点描绘眼窝、鼻子、脸颊、下颌的底部暗影。
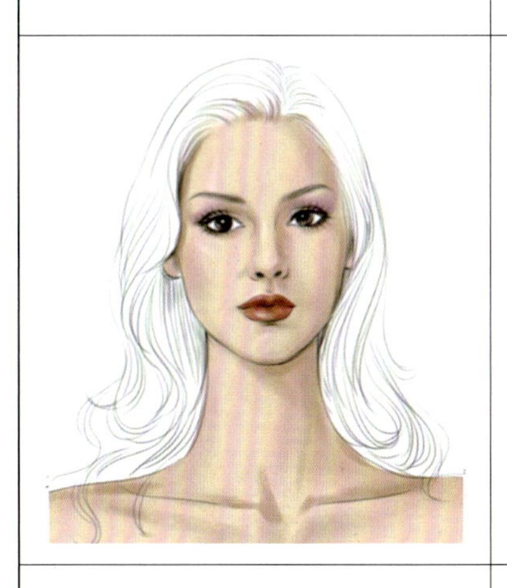	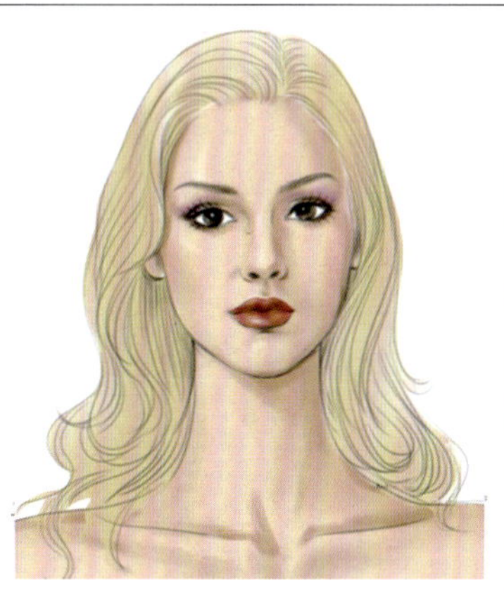	
④五官妆容。新建“妆容”图层，深入刻画五官结构，重点绘画眼睛与嘴唇。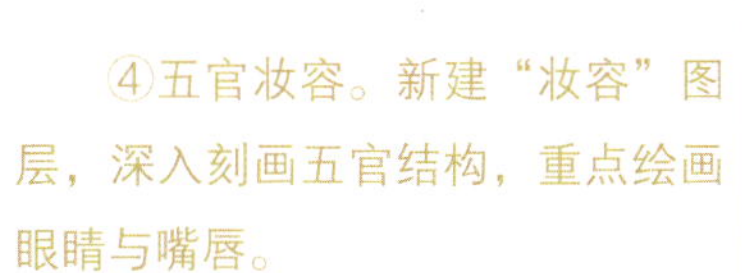	⑤头发基础色。新建“头发基础色”图层，选择亚麻色绘制头发底色。	⑥头发暗部色。新建“头发暗部色”图层，选择深褐色绘制头发暗部色。绘制头发暗部色时须注意发丝走向，使用分组绘画的方式，先绘制大的明暗关系，特别是发根部位及各层的交汇处，最后用硬边圆压力大小画笔绘制发丝；用减淡、加深工具加强暗部，提亮高光。

2. 男性五官妆容绘制

①绘制线稿。新建“线稿”图层，选择“硬边圆压力大小”画笔勾勒线稿，重点描绘五官。注意男子五官中眼睛与眉弓的距离较近，眼神深邃、鼻梁高挺，棱角分明，特别是下颌角多用直线。脖子须比女性粗，肩部宽而平。	②绘制皮肤基础色。新建“皮肤基础色”图层，选择皮肤基础色，选择“柔边圆压力不透明度”画笔，模拟淡彩效果，按照头部骨骼肌肉结构绘制脸部皮肤基础色。	③绘制皮肤暗部。新建“皮肤暗部”图层，按人体头部骨骼肌肉的结构及光源方向，绘制脸部光影明暗。选择“硬边圆压力大小”画笔，调整画笔透明度为65%，硬度为35%，塑造脸部的立体感。重点描绘眼窝、鼻子、脸颊、下颌底部暗影。

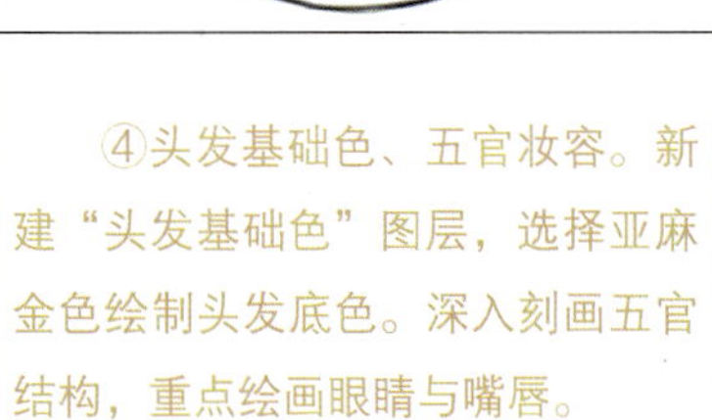 ④头发基础色、五官妆容。新建“头发基础色”图层，选择亚麻金色绘制头发底色。深入刻画五官结构，重点绘画眼睛与嘴唇。	⑤头发暗部色。选择深褐色绘制头发暗部色。注意发丝走向，使用分组绘画方式，先绘制大的明暗关系，最后用硬边圆压力大小画笔绘制发丝。用减淡、加深工具，加强暗部，提亮高光。	⑥完成效果。细致刻画发丝、衣服的细节，整理画面。

3．儿童五官妆容绘制

①绘制线稿。新建“线稿”图层，选择“硬边圆压力大小”画笔勾勒线稿，设置画笔大小 3 像素，单击“窗口”工具栏中的画笔选项，打开“画笔”面板，勾选形状动态复选框右侧“控制”下拉菜单栏里“钢笔压力”选项，接着勾选“传递”复选框。重点勾勒五官。将线稿放置在图层面板的顶层。	②绘制皮肤基础色。新建“皮肤基础色”图层，选择皮肤基础色、选择“柔边圆压力不透明度”画笔，模拟淡彩效果，按照头部骨骼肌肉结构绘制脸部皮肤基础色。	③绘制皮肤暗部色。新建“皮肤暗部”图层，按人体头部骨骼肌肉的结构及光源方向，绘制脸部光影明暗，选择“硬边圆压力大小”画笔，调整笔刷透明度为 65%，硬度为 35%，塑造脸部的立体感。

④五官妆容。新建“妆容”图层，深入刻画五官结构，重点绘制眼睛与嘴唇。	⑤头发基础色。新建“头发基础色”图层，选择亚麻金色绘制头发底色。	⑥头发暗部色。新建“头发暗部色”图层，选择深褐色绘制头发暗部色。注意发丝走向，分组绘制。先绘制大的明暗关系，最后用硬边圆压力画笔绘制发丝。用减淡、加深工具，加强暗部、提亮高光。

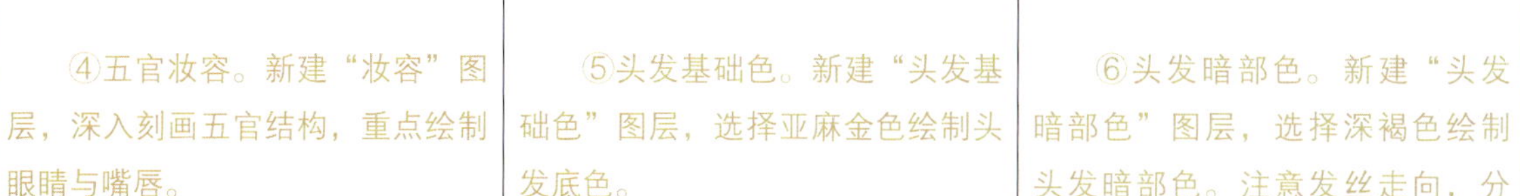

任务五　以照片为参考的人体绘画

一、任务要求

参考图片绘制服装效果图的人体动势。

二、任务准备

收集泳装人体动势，男、女、儿童人体动态及静态动势各 10 个。

时装绘画参考图片

三、任务考核

（1）掌握对参考图片的处理方法，理解艺用人体与实际人体之间的差别。

（2）熟练掌握钢笔压力的画笔设置，训练眼、手、心三者的配合，达到手绘效果。

（3）掌握人体动势分析方法，保证人体重心平衡，画面稳定。

四、参考实例

通过计算机软件及手绘板，我们可以在计算机中直接起稿，用复制图片的方式进行人体绘画，这对于绘画基础弱的初学者来说是最便捷的方式，并且大大提高了工作效率和效果。通过对参考图片进行分析、变形处理，可以轻松得到人体动势。

本实例以泳装照片为参考，绘制正面站立、重心偏移的人体动势，这样可以准确找到各部位关键节点，如人体的中线、人体的重心、关节点。

1. 人体动势绘画

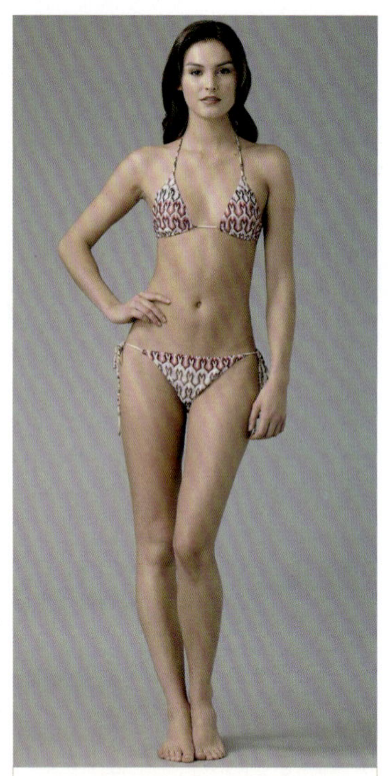

①选择适合的模特动势（最好是泳装人体），这样能更清楚地分析人体结构。

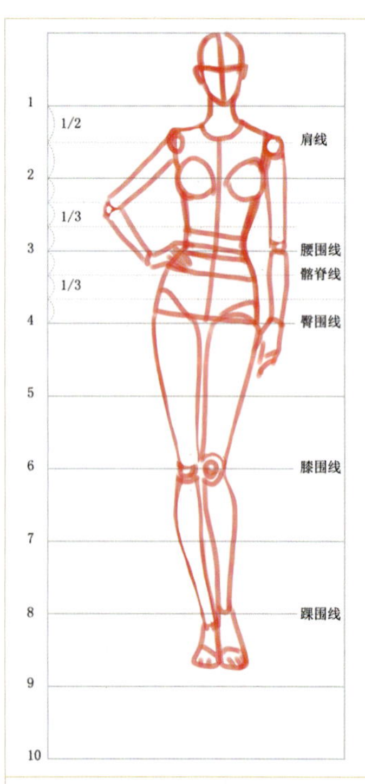

②在人体比例模板上绘制草图，确定人体比例及关节点，最后进行重心及动势线地分析。

2．人体比例调整

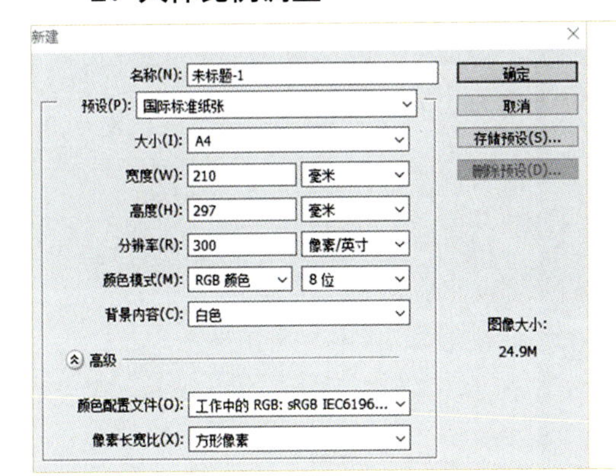

①打开 Photoshop 软件，新建大小为 A4，宽度为 210 毫米，高度 297 毫米，分辨率为 300 像素 / 英寸，RGB 色彩模式的文件。

②在新建文件中置入 .AI 格式的人体比例模板，在图层上单击鼠标右键，选择栅格化图层。

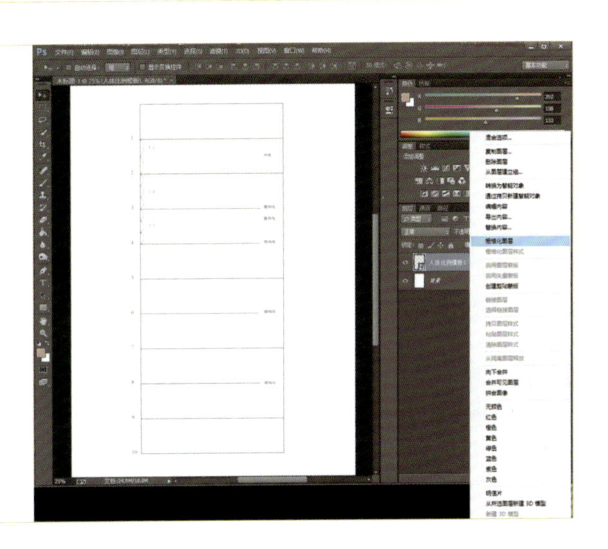

③将找到的参考图片按快捷键 Ctrl+A 选取，快捷键 Ctrl+X 剪切，快捷键 Ctrl+V 粘贴到新建文件中。根据人体比例模板调整参考图片的比例，使用矩形选框工具选择需要拉长变形的部位，按住快捷键 Ctrl+T，按下鼠标左键拖动，拉长颈部、腿部和上肢的长度。

3. 人体线稿描绘

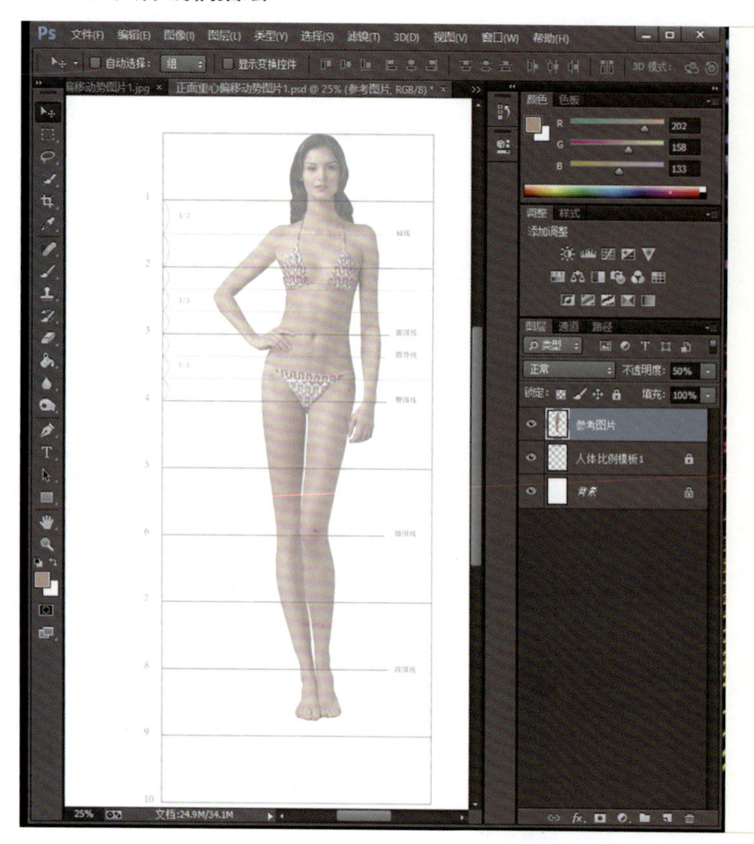

①调整图片透明度。为不影响线稿的描绘，须先将参考图片透明度调低 50%。

②设置画笔。选择画笔工具，设置画笔大小为 3 ~ 5 像素。切换画笔面板，勾选形状动态及传递复选框，设置参数，将画笔抖动调整为钢笔压力，笔尖大小最小直径调整为 0%。这样画出来的线就会有虚实变化，更加生动。

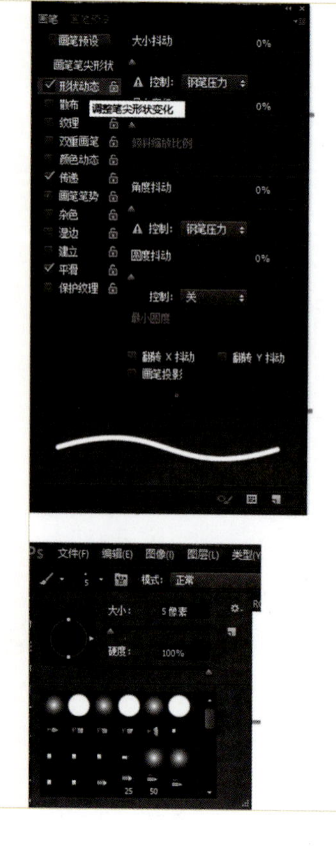

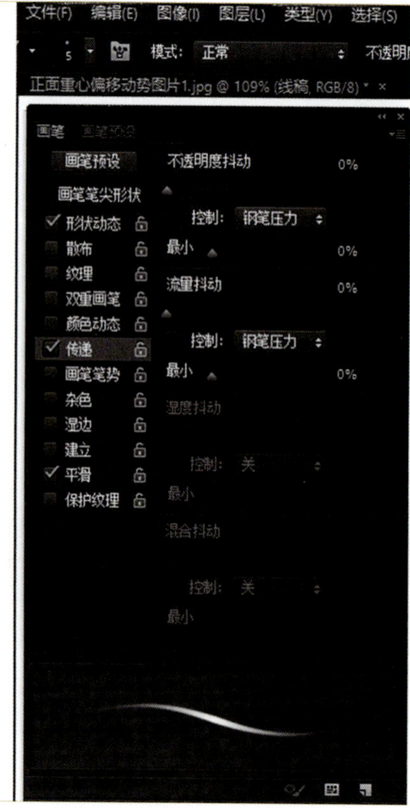

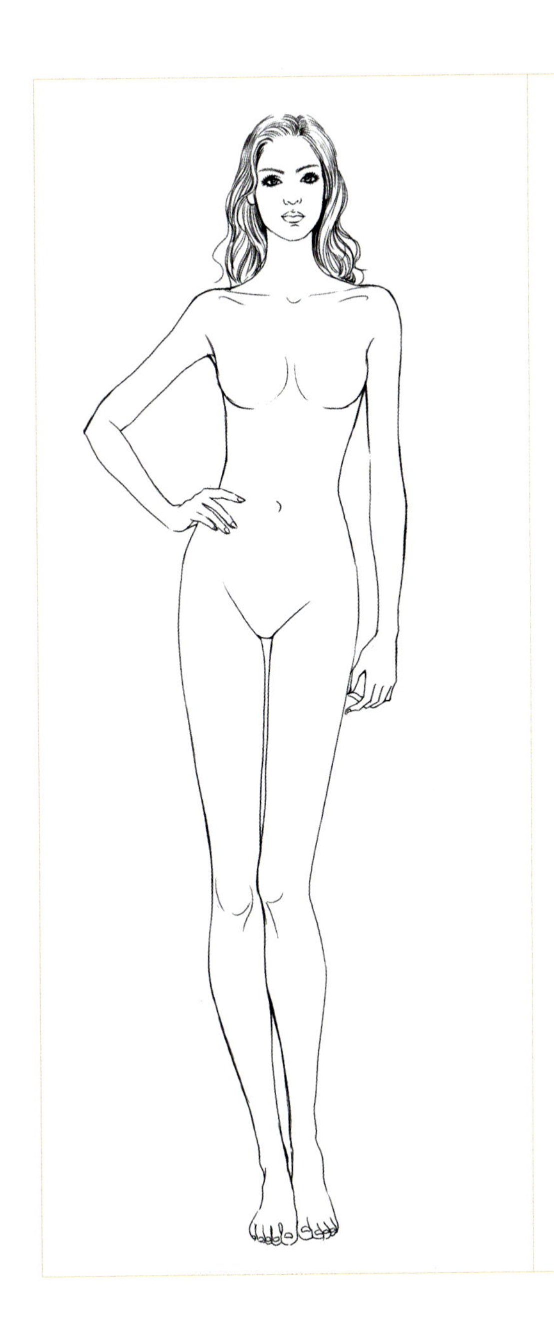

③整理完成人体线稿。将多余的辅助线清除，整理线稿。同时须注意轮廓线的流畅、头发发丝的疏密虚实及五官细节的处理。

项目二 服装绘画

任务一 了解服装廓形

服装廓形图片

一、任务要求

了解并掌握服装廓形的分类以及服装廓形与人体的空间关系。

二、任务准备

（1）收集十个服装廓形参考款式。

（2）了解服装廓形的分类。

服装廓形是指服装的外部轮廓的剪影。服装设计绘画先要从了解人体结构、比例开始，但真正开始设计时往往从了解服装的流行趋势开始。流行的时代性，一般都体现在那个时代的整体廓形风格上，可以说服装的廓形就是服装流行时代性的缩影。服装的廓形基本可以分为 A 形、X 形、T 形、H 形和 O 型五大类。其他复杂造型也都是这五种基本廓形的结合。

每一种廓形的服装与人体之间的空间关系都不同，服装廓形与人体之间的空间关系是设计师设计的着眼点，也是绘画表现时需要夸张表现的重点。廓形空间的形成主要通过内部的服装结构线、省道、褶量来实现。当设计师设计的造型过于夸张，超出人体本身能够支撑的空间，就需要通过特殊的工艺手段来实现，比如烫衬的方法改变面料的厚度、硬挺度；通过裙撑、臀垫、紧身胸衣这类填充物、支撑物来塑造空间体积等。

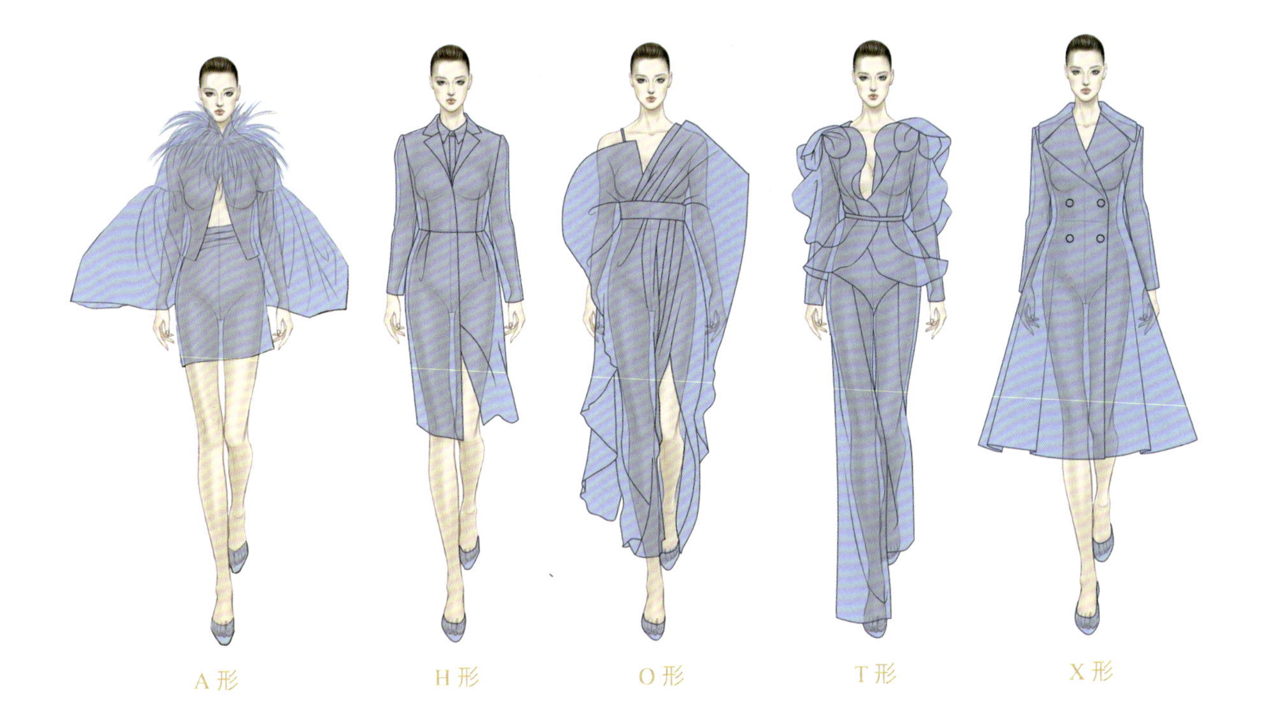

三、任务考核

（1）掌握服装的基本廓形分类。

（2）能够通过服装外部廓形，分析人体与服装之间的空间关系。

（3）能够根据廓形剪影，选择适宜的方法绘制人体动势。

任务二　服装部件与人体的关系

一、任务要求

学习并掌握服装分类及服装部件的基本形态。

常用服装品类产品结构

二、任务准备

了解服装各部件的基本形态。

1．领子、袖子的基本形态

领子与袖子是上装中的设计重点，主要围绕人体的脖子与上肢的形态及运动机能进行设计。领子同样是上装的视线聚焦点；袖型的变化则常常体现出服装的风格及舒适度。领子主要分为开门领和关门领两大类；袖子主要分为一片袖、两片袖、插肩袖、落肩袖、连肩袖和装饰袖等。

西服领与两片袖

风衣领与一片袖

荷叶边领与灯笼袖

立领搭配一片袖

衬衫领搭配一片袖

连帽领搭配落肩袖

深 V 领搭配泡泡袖

提示：领和袖常常形成固定搭配，比如衬衫领搭配一片袖，西装领搭配合体的两片袖。运动休闲服装常常搭配插肩袖和落肩袖。礼服常常搭配泡泡袖、羊腿袖、设计袖等。还有无领无袖的设计，主要变化在领口及肩宽袖笼等。

2．门襟的基本形态

门襟的主要作用是让服装穿脱方便，它主要有两种形式：一种是搭叠门襟，比如衬衫、西服、大衣等，主要是通过纽扣来闭合门襟；另一种是没有搭叠的对襟，须通过拉链、搭扣、系扎的方式闭合，一般用于休闲服、运动服等。

双排扣直门襟

曲线门襟

斜门襟

暗门襟

单排扣直襟

偏襟

3. 腰头的基本形态

腰头作为上下装的连接部位，在服装设计中一直具有非常重要的地位。另外，还在下装中起到固定作用，同时也是上下装的分界线，起到划分上下身比例的作用。腰头常见的款式变化有腰节的高低变化、腰头造型的变化等。

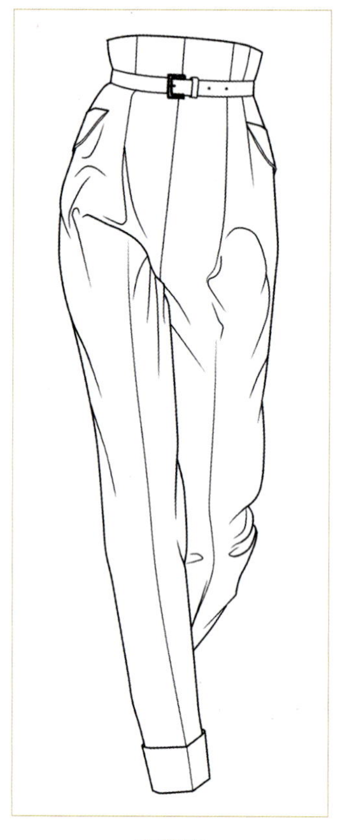

高腰裤

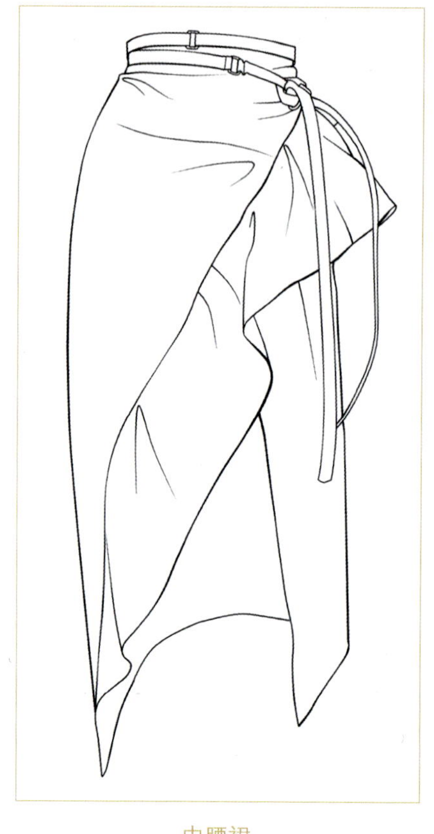

中腰裙

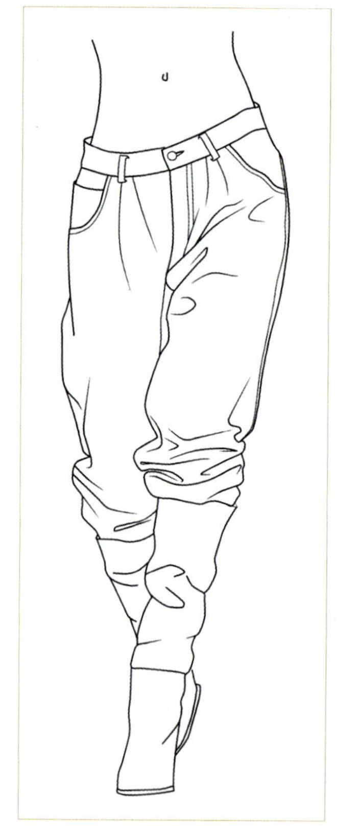

低腰裤

4. 口袋的基本形态

口袋是缝在衣服上用以装东西的袋形部分，同时可作装饰之用。口袋大致有以下三种形式。

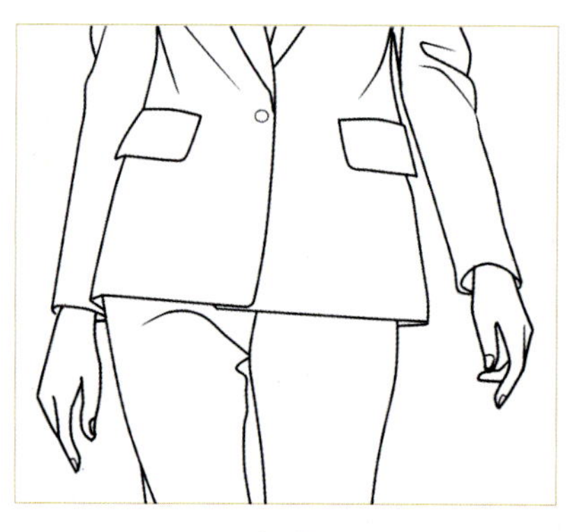

挖袋

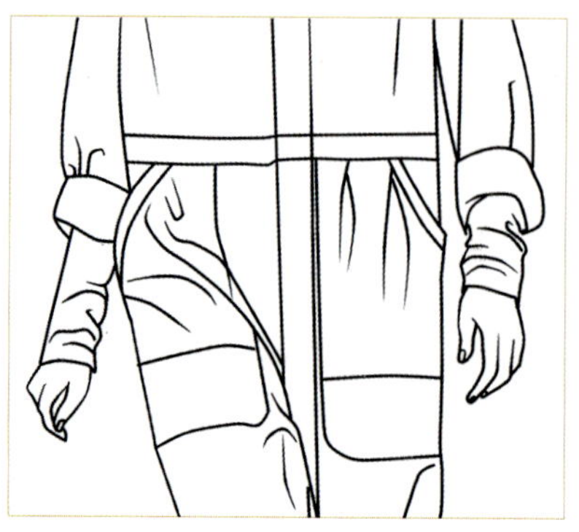

贴袋

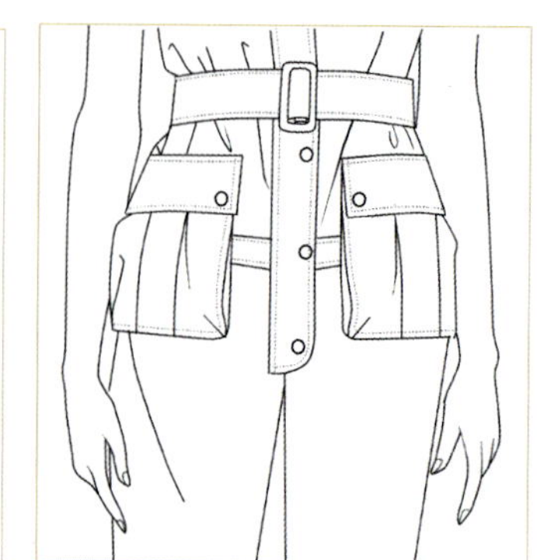

立体袋

三、任务考核

（1）熟知常用服装部件的名称及基本形态。

（2）掌握服装各部件的用途，并能按照服装的种类搭配相对应的服装部件。

（3）能够绘制服装款式部件线稿。

任务三　常用服装款式衣纹、衣褶变化的规律

一、任务要求

学习各种衣纹、衣褶产生的原因及变化规律，根据衣纹、衣褶的分类收集整理款式资料，进行衣纹、衣褶的绘画练习，掌握衣纹、衣褶的绘画规律及方法。

二、任务准备

（1）建立自己的设计参考资源库，每一种衣纹、衣褶各收集 20 个款式。

（2）了解衣纹、衣褶的产生。

服装设计归根结底是要为人服务的，除了满足人的御寒、保暖、防护等生理需求还要满足人的审美需求，更重要的是满足人的自由运动。千变万化的款式设计，唯一不变的是人体这个承受体。所以说服装设计是设计服装与人体之间的空间关系。平面布料要经过结构制版、缝纫才能形成立体的廓形，人体穿着后，产生的穿着效果是服装设计的最终结果。人体在运动过程中，牵扯衣服会形成各种各样的衣纹、衣褶。衣纹、衣褶的产生与人体运动、服装款式、面料的性能以及服装款式的廓形松量都有着直接关系。

（3）了解衣褶的基本形态。根据衣褶形成的原因和形态可以分为以下五类。

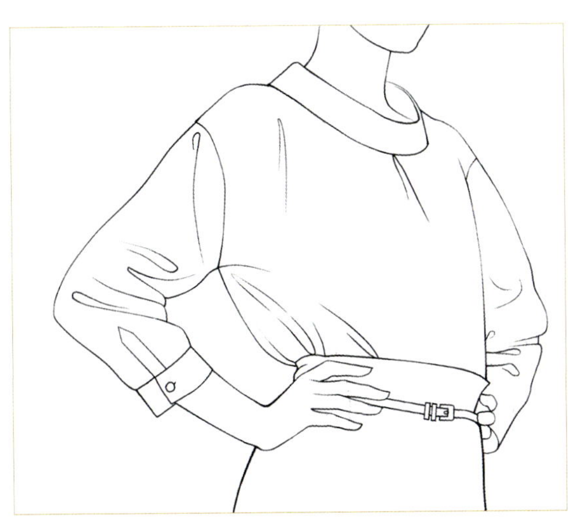

挤压褶

拉伸褶

①挤压、拉伸褶。这种衣褶的产生通常是人体运动时由于身体的弯曲和伸展对服装的牵动、挤压产生的。一般呈放射状，并具有明确的方向性。

扭转褶

缠绕褶

②扭转、缠绕褶。扭转褶一般会产生在人体容易发生扭曲的部位，比如腰部、脖子等处。缠绕褶多产生在腰部、胸部、躯干、手臂等处，一般会根据放量的多少决定褶量多少及大小，既有发散褶也有平行褶，一般在礼服设计中应用较多。

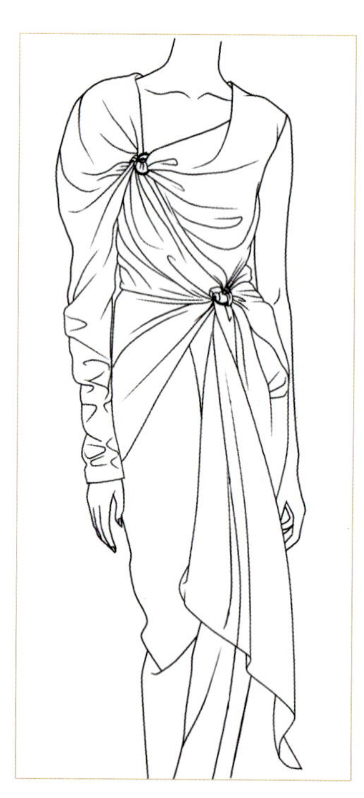

悬荡褶

垂坠褶

③悬荡、垂坠褶。一般应用在领部、肩部和臀部。披挂式服装款式常会产生此类褶纹。悬荡褶一般要有一到两个固定点，宽松的款式相对较多，常会形成V形或U形褶皱形态，衣褶一般表现为流畅的、渐变规律的曲线。垂坠褶一般是应用于披挂式款式中，由于面料的重力，衣褶常呈现为由支撑点开始的发散式直线褶。

系扎褶

堆积褶

④系扎、堆积褶。系扎、堆积褶常应用在宽松的休闲类服装中，它们是用腰带、扣袢、绳状物等收紧、系扎、抽褶，而形成的不规律的放射状自然皱褶。堆积褶常发生在袖口、裤口等处。

装饰褶

机械褶

⑤装饰、机械褶。在设计中为了改变面料表面的肌理、结构，常采用装饰褶的设计手法对服装进行装饰。其中有规律的压褶，有倒褶、工字褶、无规律的自由浪漫的荷叶边等，主要运用在领口、袖口、门襟、裙摆等处。有规律的褶还须通过热定型、打褶机等机械加工制作。

三、任务考核

能够形象绘制服装穿在人体上由于动势产生的衣纹、衣褶，完成人体着装效果。

衣原型的虚拟缝制过程

四、参考实例

我们通过下面五个实例来了解人体这个复杂的立体造型与平面的服装面料结合后会有哪些变化规律。

实例一：人体服装原形的虚拟缝制过程

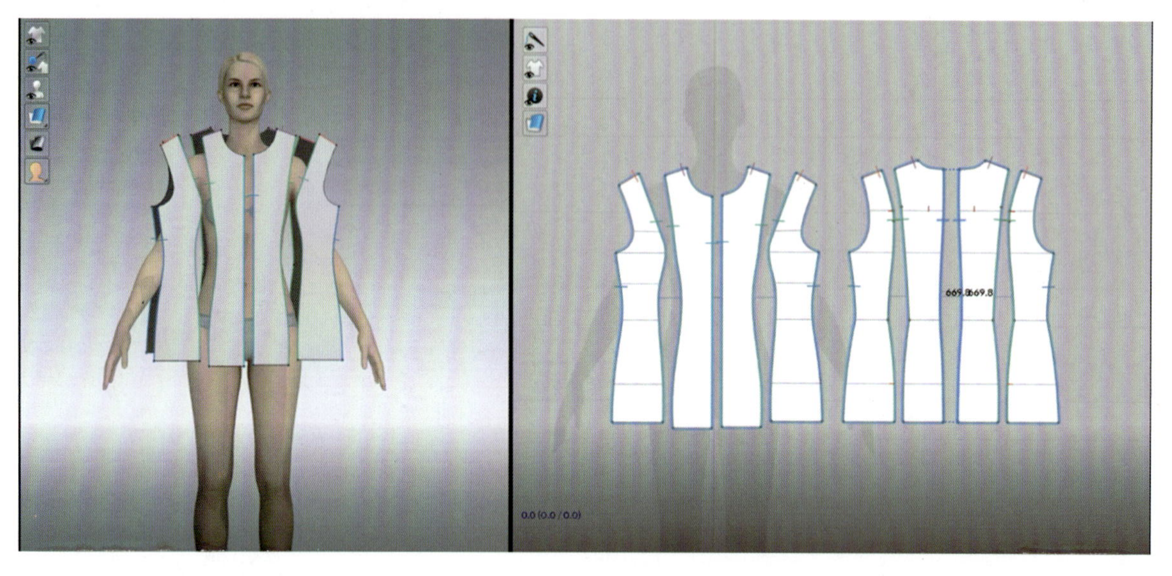

借助 3D 试衣软件的虚拟缝合功能，可以看到服装从平面裁片到立体的成衣的整体过程。因为公主线的设计去掉了服装与人体之间多余的空间，也就是我们常说的省量，使服装原型与人体的立体造型吻合，空间适中。

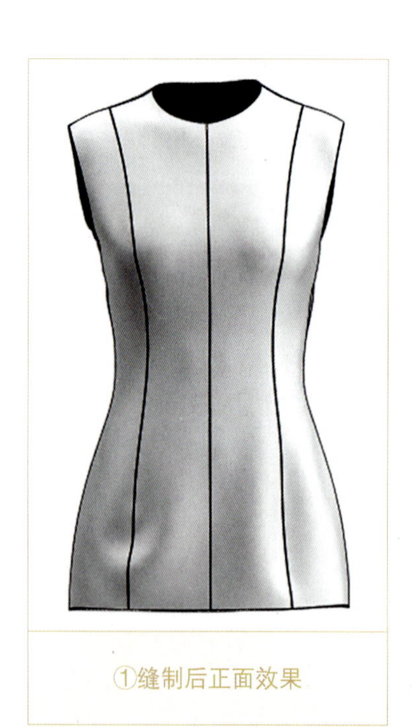

①缝制后正面效果

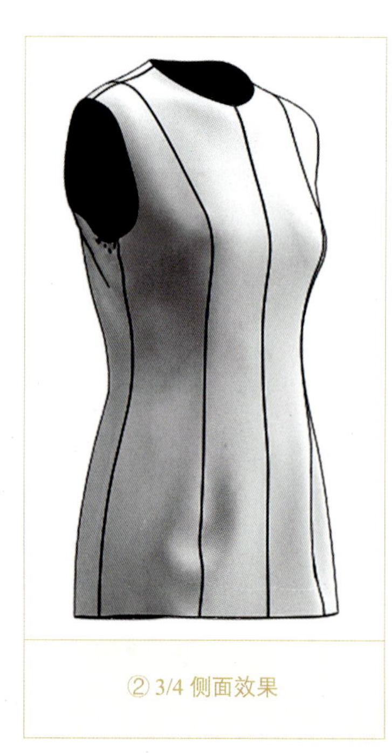

② 3/4 侧面效果

③背面效果

实例二：自由碎褶的变化规律

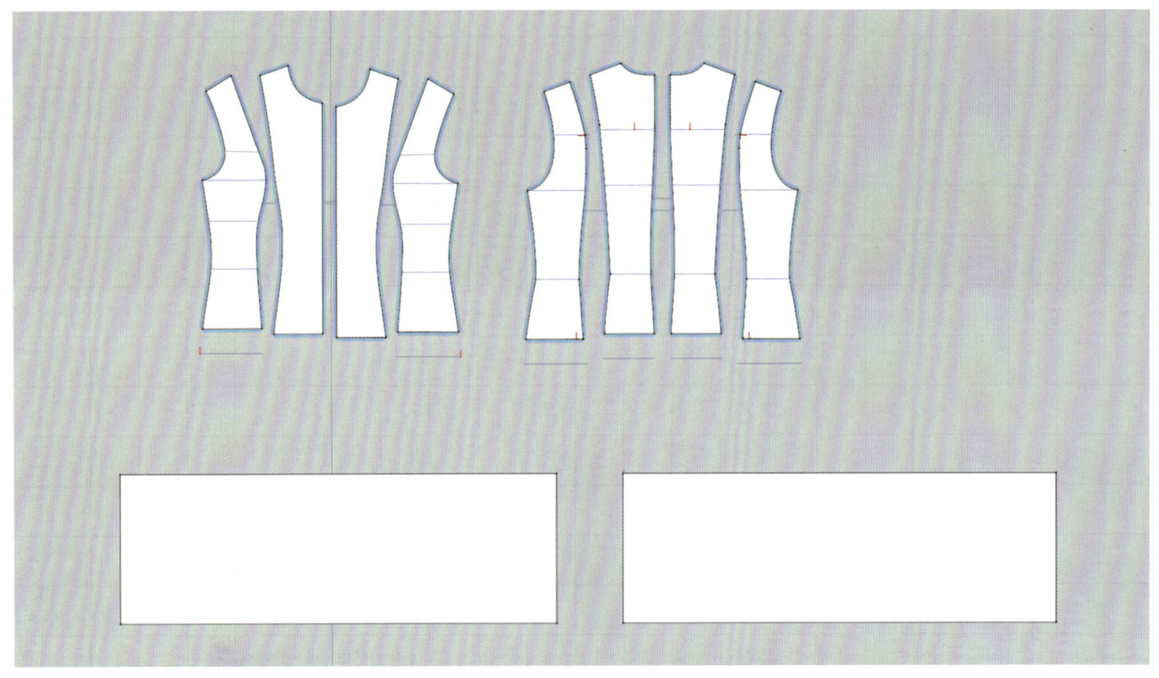

我们将两块长方形面料缝在服装原型的底摆，由于长方形面料比衣服底摆尺寸大，缝合后产生自由的碎褶。上平面褶多而密，底摆褶大而自然，打开呈小A形。

①缝制后正面效果

② 3/4 侧面效果

③背面效果

提示：衣服的侧缝，上下缝合的地方，明显地有向外膨起的效果。我们在绘制这种结构时要注意侧缝的处理。缝合处形成的碎褶，要注意用线的疏密及参差变化。

自由碎褶的虚拟缝制过程

实例三：太阳裙的衣褶变化规律

我们将一块 360° 圆形面料制作成太阳裙。因为圆形面料的底摆尺寸与腰围尺寸相差很大，所以不用考虑臀围尺寸，只要满足腰围及裙长的尺寸即可。缝合后底摆尺寸与腰臀差量由于重力的作用，在底摆边缘会产生波浪皱褶，整体廓形呈 A 形。

①正面效果。由于摆量较大，所以会形成多个弯曲的波浪褶量。

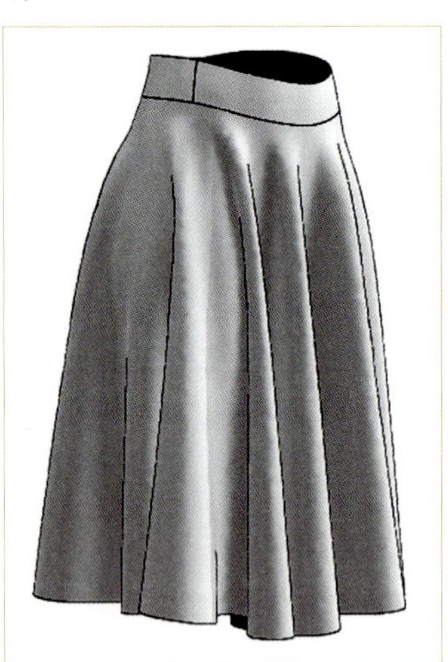

②正侧面效果。由于后片臀部高点支撑使得侧面廓形线前片顺直，后片弯曲。

③仰视图裙子底摆效果。底摆形成的 S 形波浪效果。

提示：裙子的底摆处因为褶量明显，所以须有向外膨起的效果。设计师在绘制太阳裙结构时须注意波浪褶的处理，所有的裙褶都是消失在腰线附近，还须注意用线的疏密及参差变化。

太阳裙的虚拟缝制过程

实例四：连衣裙的衣褶变化规律

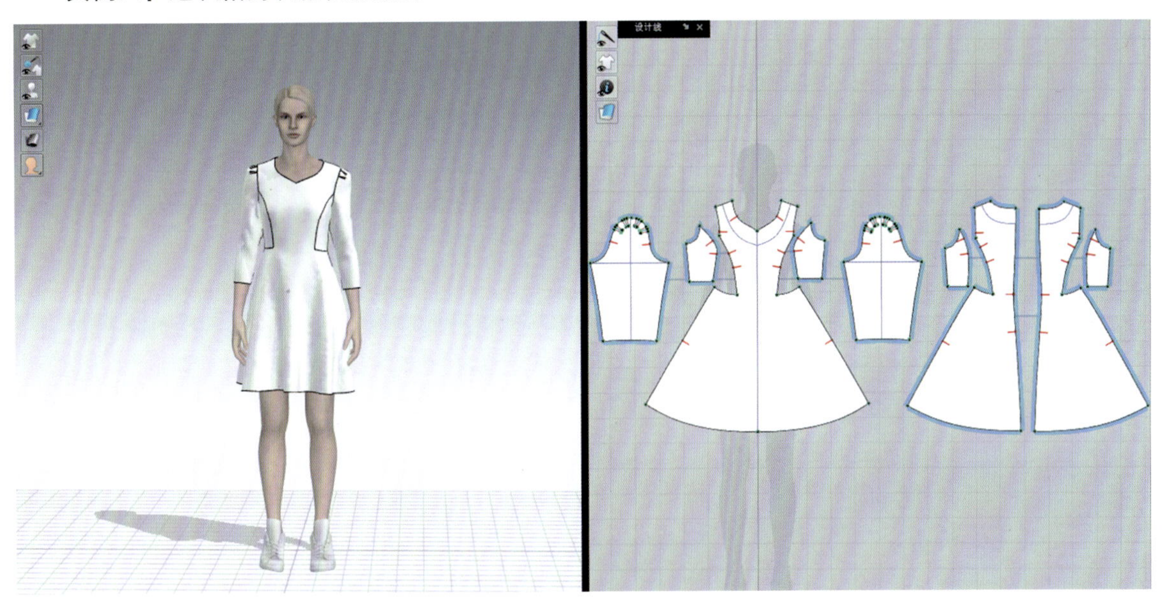

这是一款合体的七分袖 A 摆连衣裙，整体廓形呈 X 形，裙底摆褶量适中，是日常装中的基本款式。设计师在绘制效果图时要注意衣片平面展开图的基本型，并且脑海里须有平面展开基本型的概念，这样才能更加准确地处理衣纹、衣褶，在后续与剖版师沟通时也会更顺畅，会大大提高设计的可实现性。

①缝制后正面效果。前片在胸高点的支撑下，左右前片会出现两个向外突出的大衣褶，同时也会形成向内弯曲的褶量。

② 3/4 侧面效果。侧片的支撑点是髂骨及大转子骨，所以整体裙子的廓形剪影呈 A 形。

③背部波浪效果。后裙片在臀高点的支撑下，左右前片会出现两个向外突出的大衣褶，同时也会形成向内弯曲的褶量。

连衣裙的虚拟缝制过程

提示：设计师在绘制七分袖 A 摆连衣裙的结构时要注意裙子的肩宽须比正常服装的肩宽小，袖子上的小褶处理要体现小泡泡袖的肩部起量，公主线的位置要与人体结构一致。裙子由于摆围不大，形成的波浪也少，裙褶消失在腰线附近。合体的袖子，在穿着时臂弯处容易形成挤压褶，即使伸直手臂，在臂弯处也会有折痕。此外，在绘制服装效果图时，设计师对服装结构、工艺、服装面辅料的特性都要很好地掌握，才能真正进行设计表现。

实例五：荷叶领坎袖连衣裙的衣褶变化规律

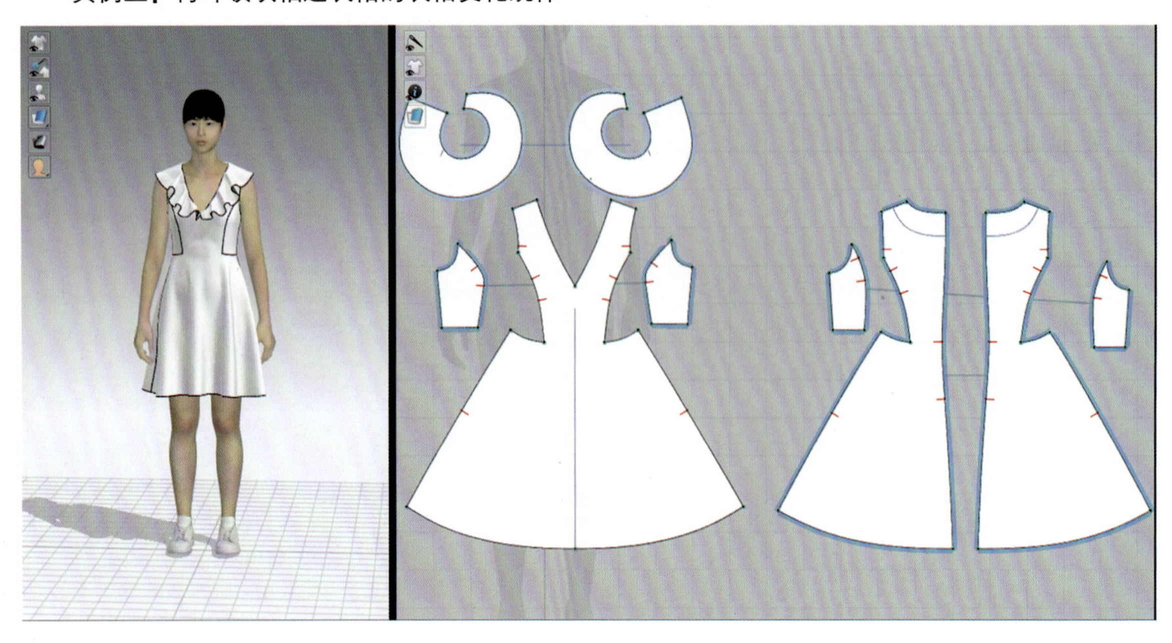

这是一款合体的荷叶领坎袖连衣裙，整体廓形呈 X 形，裙底摆褶量适中，荷叶领样式也是常见的基本款式。

缝制后正面效果　3/4 侧面效果　侧面领子波浪效果

通过以上实例，我们可以看到衣纹、衣褶的产生是有规律可循的，设计师在绘画表现时虽然要做适当夸张，但还须遵循服装变化的基本规律，这能够为下一步版师的制版工作奠定良好基础。

项目三 服装质感表现（Photoshop软件应用）

任务一 常用面料绘制

一、任务要求

应用 Photoshop 软件绘制格纹面料实物图、纱质感面料实物图、牛仔面料实物图、针织编织类面料实物图、蕾丝面料实物图各一张，文件尺寸为 20 cm × 20 cm，分辨率为 300 dpi，RGB 色彩模式。

Photoshop 软件基本知识（PPT）

Photoshop 软件基本知识（视频）

二、任务准备

（1）收集常见格纹面料实物图、纱质感面料实物图、牛仔面料实物图、针织编织类面料实物图、蕾丝面料实物图，每种面料须收集 10 个。

（2）了解 Photoshop 软件中滤镜菜单中的添加杂色、模糊、扭曲等命令。

（3）了解如何运用 Photoshop 软件进行自定义面料制作。

Photoshop 中选区和图层的概念（PPT）

Photoshop 中选区和图层的概念（视频）

三、任务考核

（1）能够熟练绘制不同格纹面料效果。
（2）能够熟练绘制不同质感和颜色的牛仔面料质感效果。
（3）能够熟练绘制不同纱质感面料效果。
（4）能够熟练掌握针织编织类面料的绘制方法。
（5）能够熟练绘制不同蕾丝面料图案。

四、参考实例

常见工具的运用

1．绘制精纺格纹面料质感

该实例中，将具体讲解面料肌理的绘制和格纹图案的绘制，会使用到Photoshop软件中的滤镜功能、矩形选框工具组以及移动复制等快捷键。

精纺格纹面料的绘制一共分为两个部分：一部分是面料底纹的纹理绘制，另一部分是格纹图案的绘制。具体绘制方法及步骤如下所述。

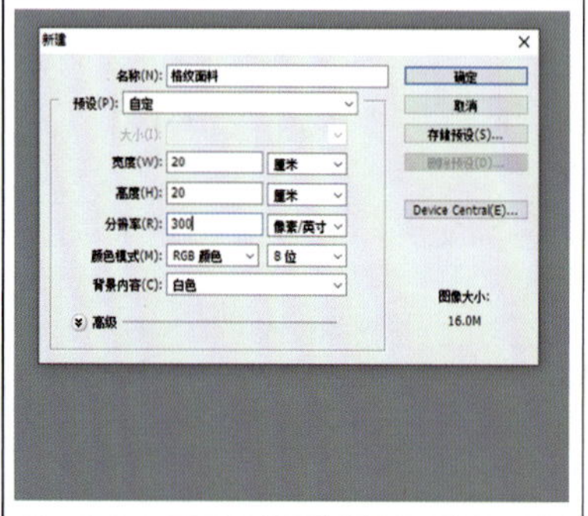		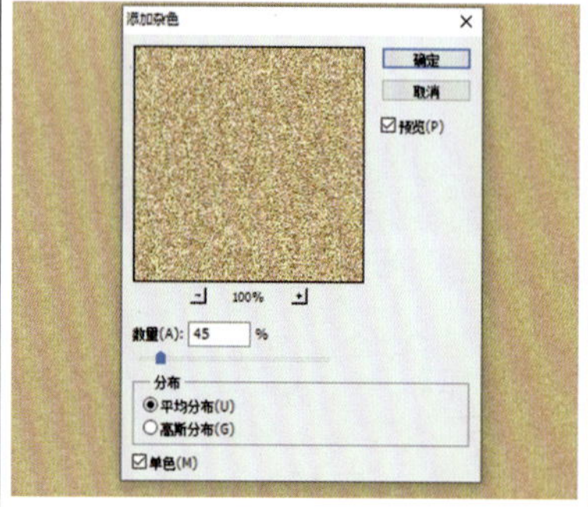
①按Ctrl+N组合键新建文件，具体参数设置如图所示。	②按Alt+Delete键组合新建“图层1”，并填充为淡黄色。	③打开“滤镜”菜单栏，选择“杂色”选项，添加杂色。添加杂色的数量为45%。
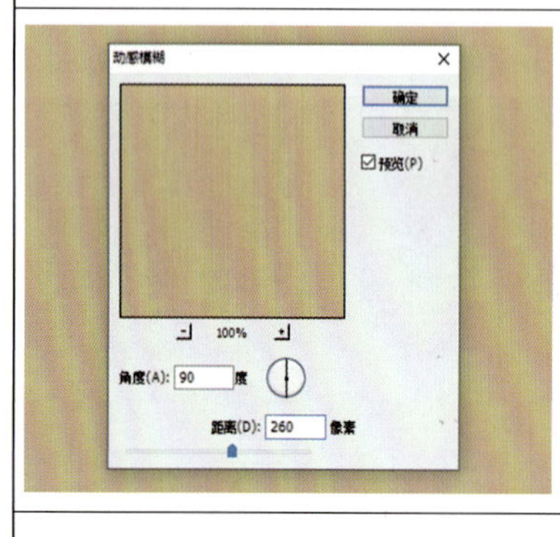		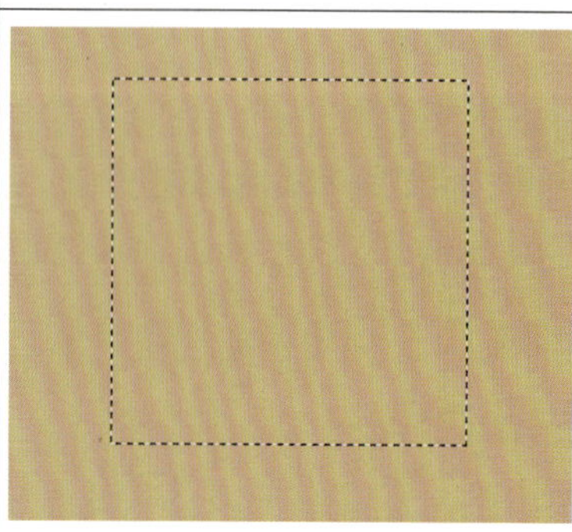
④打开“滤镜”菜单栏，选择“模糊”“动感模糊”选项，设置动感模糊角度为90°，模糊的距离为260像素。	⑤复制“图层1”，将新图层中的图案旋转90°，并设置该图层的不透明度为40%，做出底布经纱和纬纱编织的效果。	⑥矩形选框工具框选出需要纹理的正方形选区。

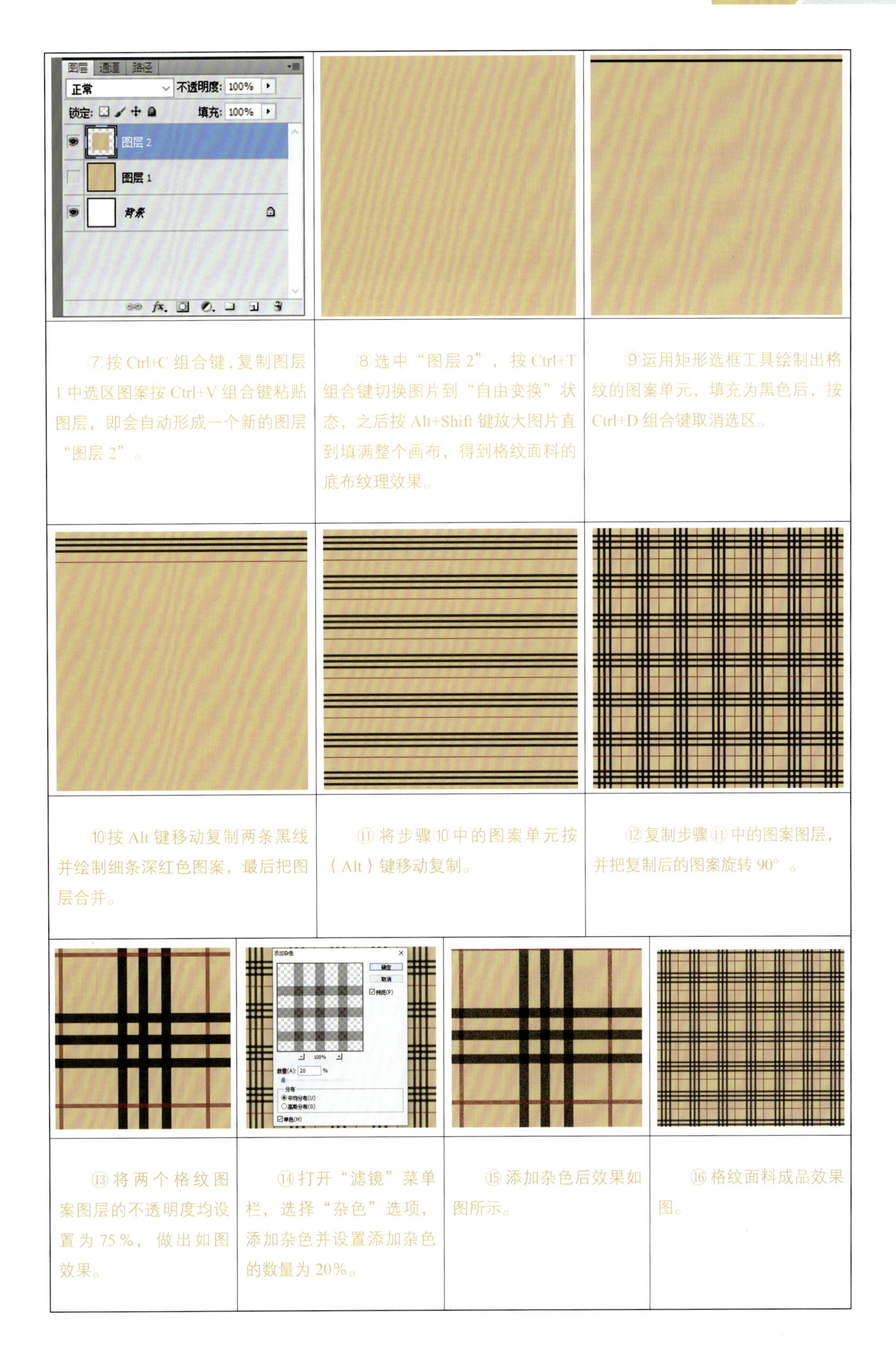

⑦按 Ctrl+C 组合键，复制图层 1 中选区图案按 Ctrl+V 组合键粘贴图层，即会自动形成一个新的图层"图层 2"。

⑧选中"图层 2"，按 Ctrl+T 组合键切换图片到"自由变换"状态，之后按 Alt+Shift 键放大图片直到填满整个画布，得到格纹面料的底布纹理效果。

⑨运用矩形选框工具绘制出格纹的图案单元，填充为黑色后，按 Ctrl+D 组合键取消选区。

⑩按 Alt 键移动复制两条黑线并绘制细条深红色图案，最后把图层合并。

⑪将步骤⑩中的图案单元按（Alt）键移动复制。

⑫复制步骤⑪中的图案图层，并把复制后的图案旋转 90°。

⑬将两个格纹图案图层的不透明度均设置为 75%，做出如图效果。

⑭打开"滤镜"菜单栏，选择"杂色"选项，添加杂色并设置添加杂色的数量为 20%。

⑮添加杂色后效果如图所示。

⑯格纹面料成品效果图。

欧根纱面料肌理

2．绘制欧根纱面料质感

该实例中将重点讲解 Photoshop 软件中的滤镜（扭曲功能）、矩形选框工具组以及移动复制等快捷键的运用。

绘制欧根纱面料质感的具体方法与步骤如下所述。

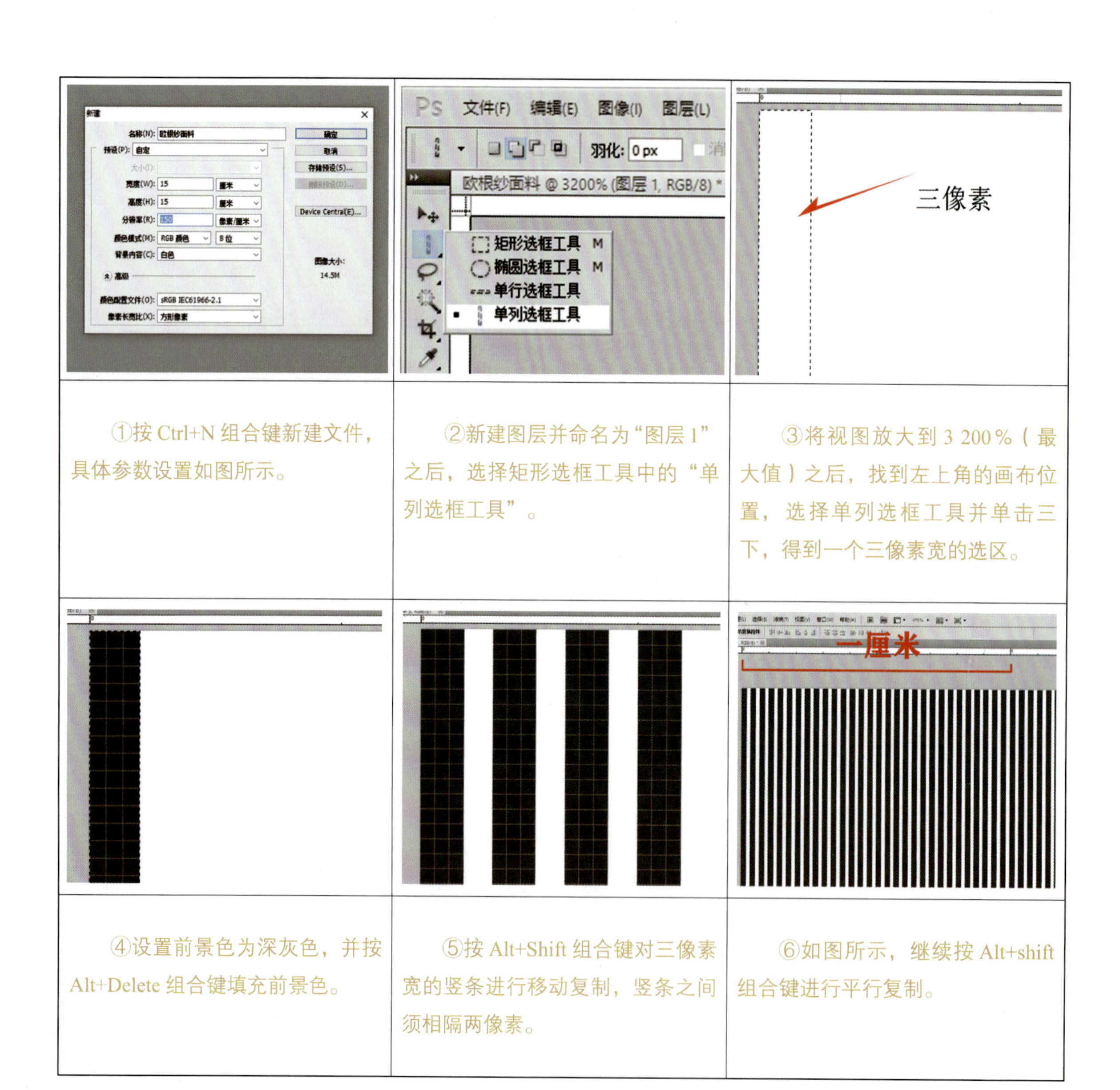

①按 Ctrl+N 组合键新建文件，具体参数设置如图所示。

②新建图层并命名为“图层 1”之后，选择矩形选框工具中的“单列选框工具”。

③将视图放大到 3 200%（最大值）之后，找到左上角的画布位置，选择单列选框工具并单击三下，得到一个三像素宽的选区。

④设置前景色为深灰色，并按 Alt+Delete 组合键填充前景色。

⑤按 Alt+Shift 组合键对三像素宽的竖条进行移动复制，竖条之间须相隔两像素。

⑥如图所示，继续按 Alt+shift 组合键进行平行复制。

	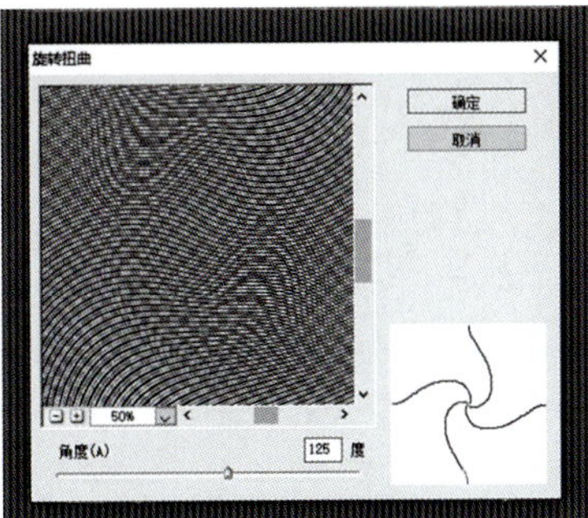	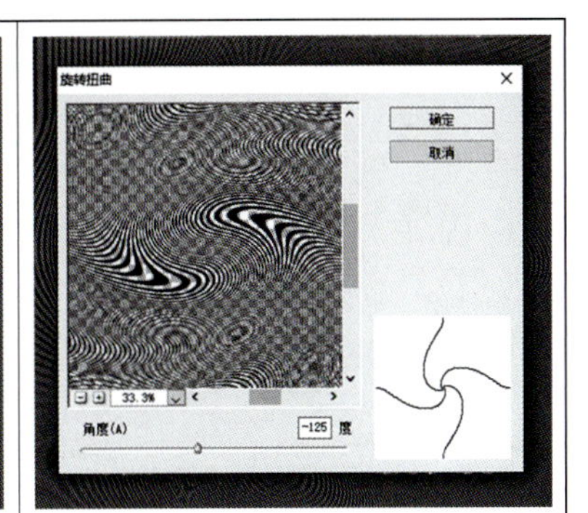
⑦一直复制到竖条填满整个画布，然后把所有图案的图层合并成一个图层。	⑧打开“滤镜”菜单栏，选择“扭曲”“旋转扭曲”选项，并设置旋转扭曲的角度为135°，单击“确定”按钮完成扭曲效果的设置。	⑨进行第二次旋转扭曲，设置扭曲的角度为-125°，单击“确定”按钮，完成旋转扭曲效果设置。
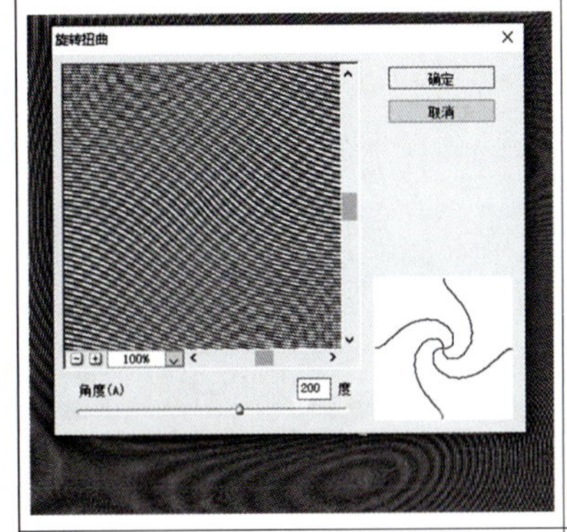	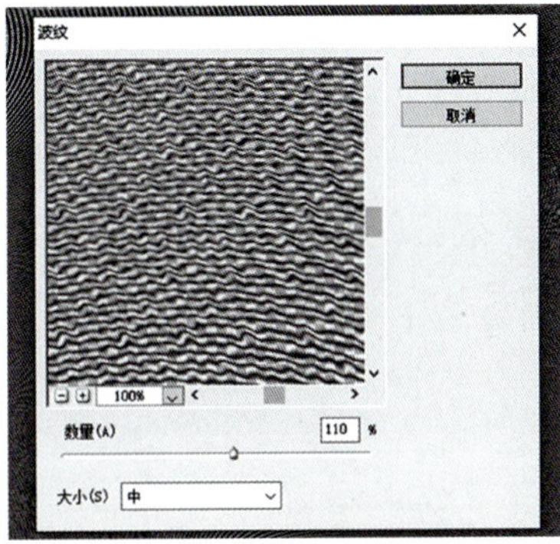	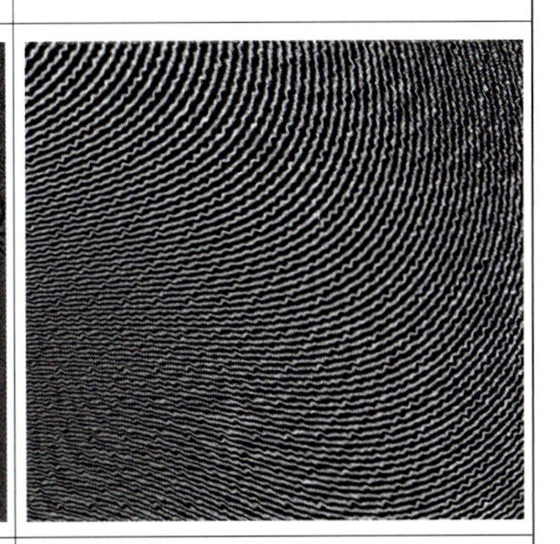
⑩进行第三次旋转扭曲，设置扭曲的角度为200°，单击“确定”按钮，完成旋转扭曲效果设置。	⑪打开“滤镜”菜单，选择“扭曲”“波纹”选项，设置数量为110%，单击“确定”按钮，完成波纹效果设置。	⑫最终得到如图所示效果。

3．绘制牛仔面料质感

该实例中将重点讲解牛仔面料基本肌理的绘制，将使用到Photoshop软件中的矩形选框工具组、自定义图案功能以及图层模式的选择等。

牛仔面料质感的绘制一共分为两个部分：一部分是面料底纹的纹理绘制，另一部分是牛仔细节纹理的处理。具体绘制方法及步骤如下所述。

牛仔面料质感绘制

①按 Ctrl+N 组合键新建文件，具体参数设置如图所示。

②新建图层，按 Alt+Delete 组合键填充为蓝色。

③打开“滤镜”菜单，选择“纹理”→“纹理化”选项。

④纹理化效果具体参数设置如图所示。

⑤得到如图所示效果，并为纯色添加进肌理感。

⑥单击“滤镜”菜单，选择“锐化”→“USM 锐化”选项。

⑦打开 USM 锐化设置面板，设置数量为 50%，半径为 1.0 像素。

⑧得到如图所示效果。

⑨按 Ctrl+F 组合键重复四次⑥~⑦步骤的操作，得到牛仔面料肌理。

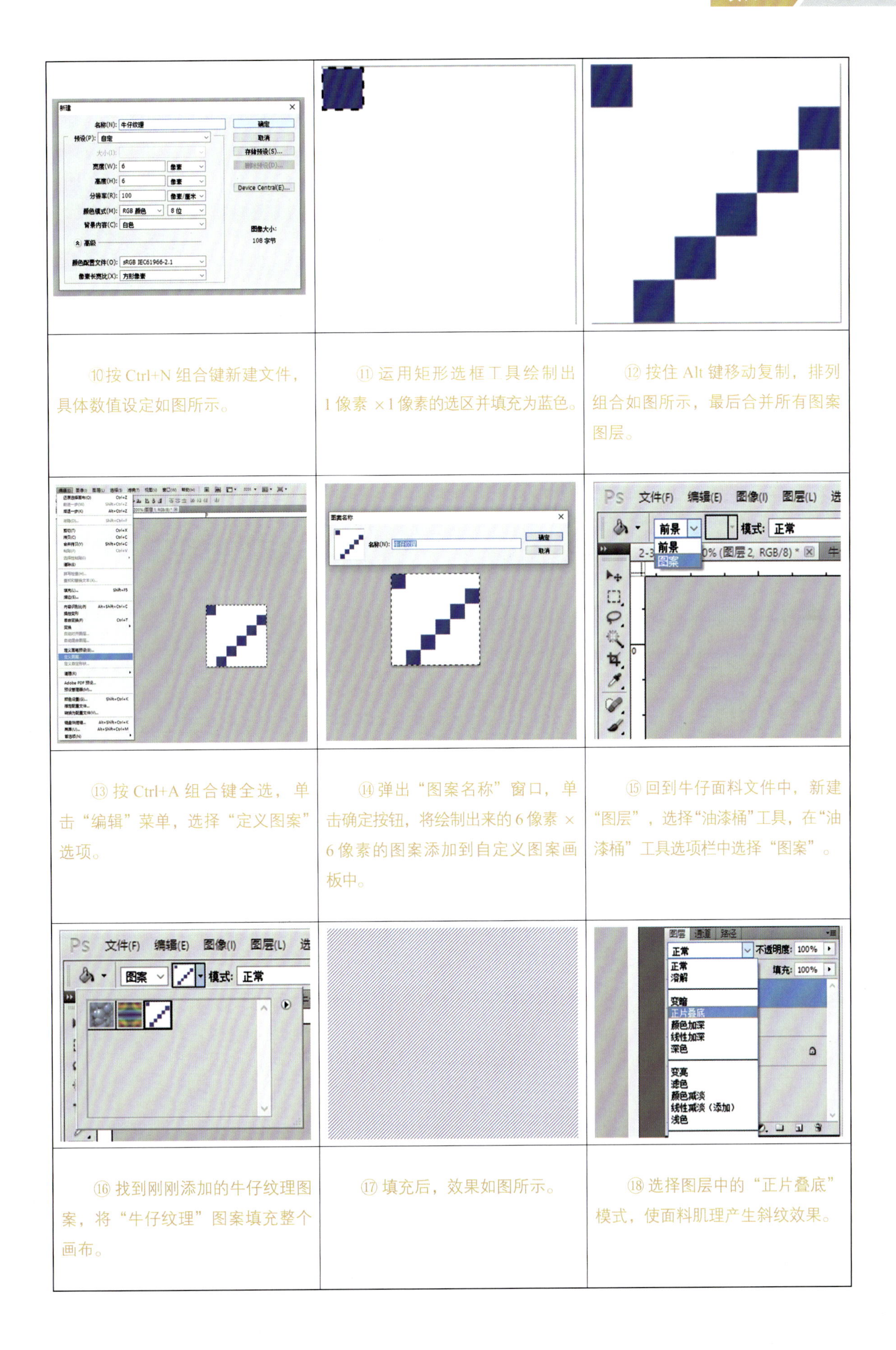

⑩按 Ctrl+N 组合键新建文件，具体数值设定如图所示。

⑪ 运用矩形选框工具绘制出1像素 ×1像素的选区并填充为蓝色。

⑫ 按住 Alt 键移动复制，排列组合如图所示，最后合并所有图案图层。

⑬ 按 Ctrl+A 组合键全选，单击“编辑”菜单，选择“定义图案”选项。

⑭ 弹出“图案名称”窗口，单击确定按钮，将绘制出来的 6 像素 × 6 像素的图案添加到自定义图案画板中。

⑮ 回到牛仔面料文件中，新建“图层”，选择“油漆桶”工具，在“油漆桶”工具选项栏中选择“图案”。

⑯ 找到刚刚添加的牛仔纹理图案，将“牛仔纹理”图案填充整个画布。

⑰ 填充后，效果如图所示。

⑱ 选择图层中的“正片叠底”模式，使面料肌理产生斜纹效果。

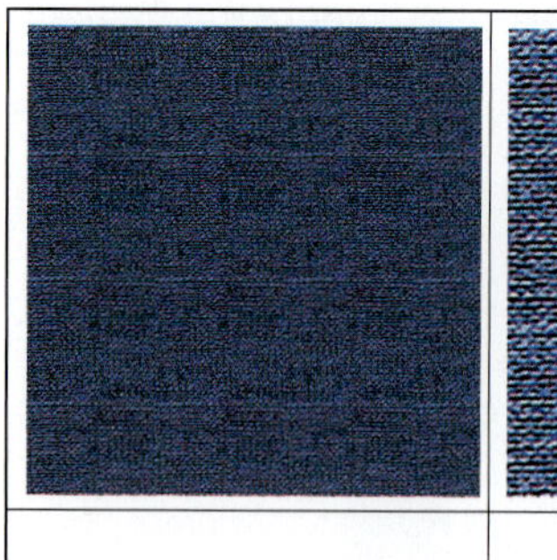	
⑲ 最终得到牛仔面料效果。把牛仔面料效果设置为自定义图案。	⑳ 放大后的牛仔面料肌理效果如图所示。

4. 绘制草编效果

该实例将重点讲解草编基本肌理的绘制、加深减淡工具的运用以及草编效果的编制方法。

草编效果的编制技巧，适用于大部分的有编织肌理效果的面料。具体方法及步骤如下所述。

草编效果绘制

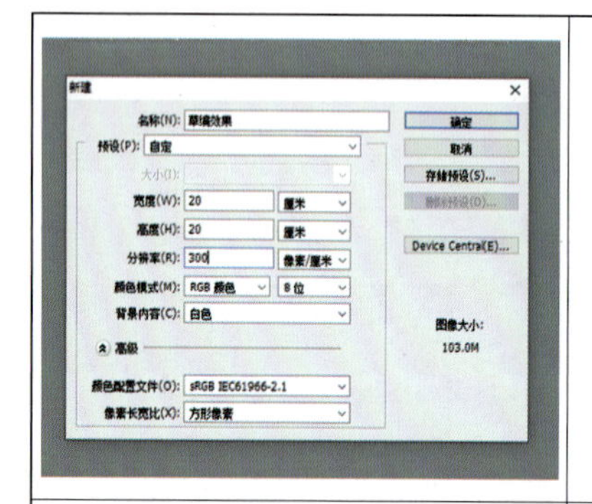		
①按 Ctrl+N 组合键新建文件，具体数值设定如图所示。	②新建图层 1，选择矩形选框工具，绘制一个矩形。	③按 Alt+Delete 组合键填充背景色为淡黄色。
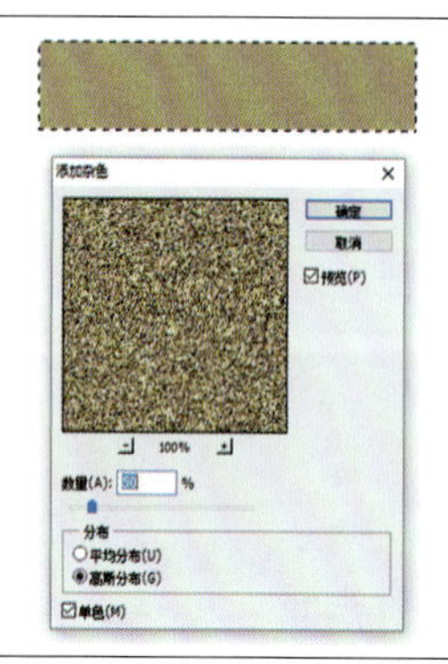	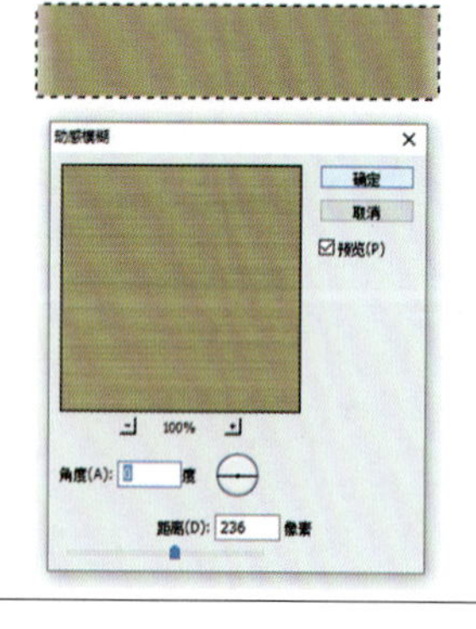	
④打开“滤镜”菜单，选择“杂色”选项，添加杂色。设置杂色的数量为 50%。	⑤打开“滤镜”菜单，选择“模糊”“动感模糊”选项，并设置模糊角度为 0 度，模糊的距离为 236 像素。	⑥按 Ctrl+D 组合键取消选区，选择加深工具，笔尖形状选择柔边圆，大小为 200 像素，模式选择中间调模式，曝光度为 15% 并加深到如图效果。

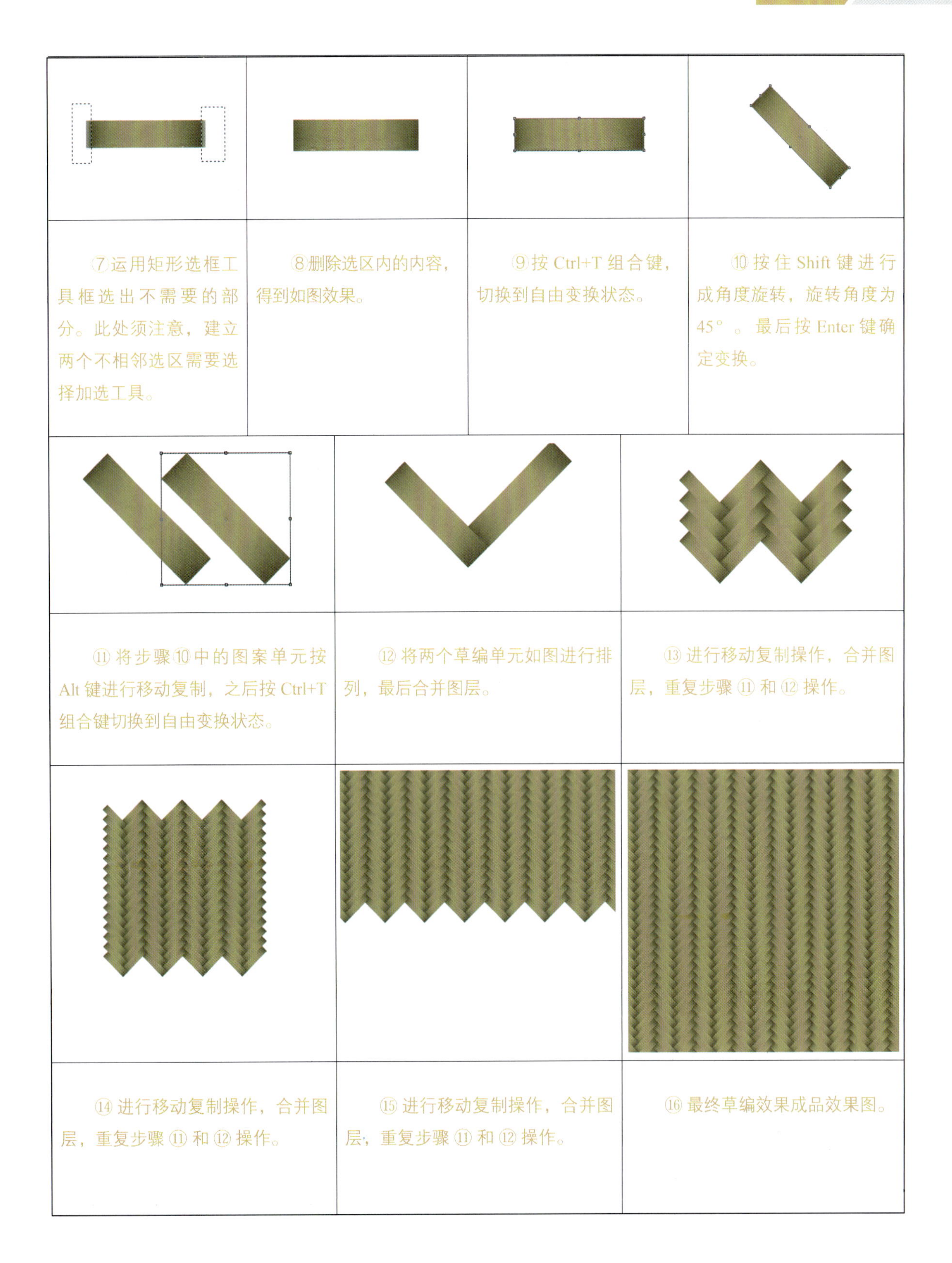

⑦运用矩形选框工具框选出不需要的部分。此处须注意，建立两个不相邻选区需要选择加选工具。	⑧删除选区内的内容，得到如图效果。	⑨按 Ctrl+T 组合键，切换到自由变换状态。	⑩按住 Shift 键进行成角度旋转，旋转角度为 45°。最后按 Enter 键确定变换。

⑪将步骤⑩中的图案单元按 Alt 键进行移动复制，之后按 Ctrl+T 组合键切换到自由变换状态。	⑫将两个草编单元如图进行排列，最后合并图层。	⑬进行移动复制操作，合并图层，重复步骤⑪和⑫操作。
⑭进行移动复制操作，合并图层，重复步骤⑪和⑫操作。	⑮进行移动复制操作，合并图层，重复步骤⑪和⑫操作。	⑯最终草编效果成品效果图。

5．绘制针织面料质感

“针织面料”效果的绘制需要注意其中毛线纹理的绘制，并根据不同的毛线材质调整绘制的纹理效果，根据针织针法的不同，进行针织效果的调整。

针织面料质感的绘制与编制技巧，适用于大部分的针织面料。具体方法及步骤如下所述。

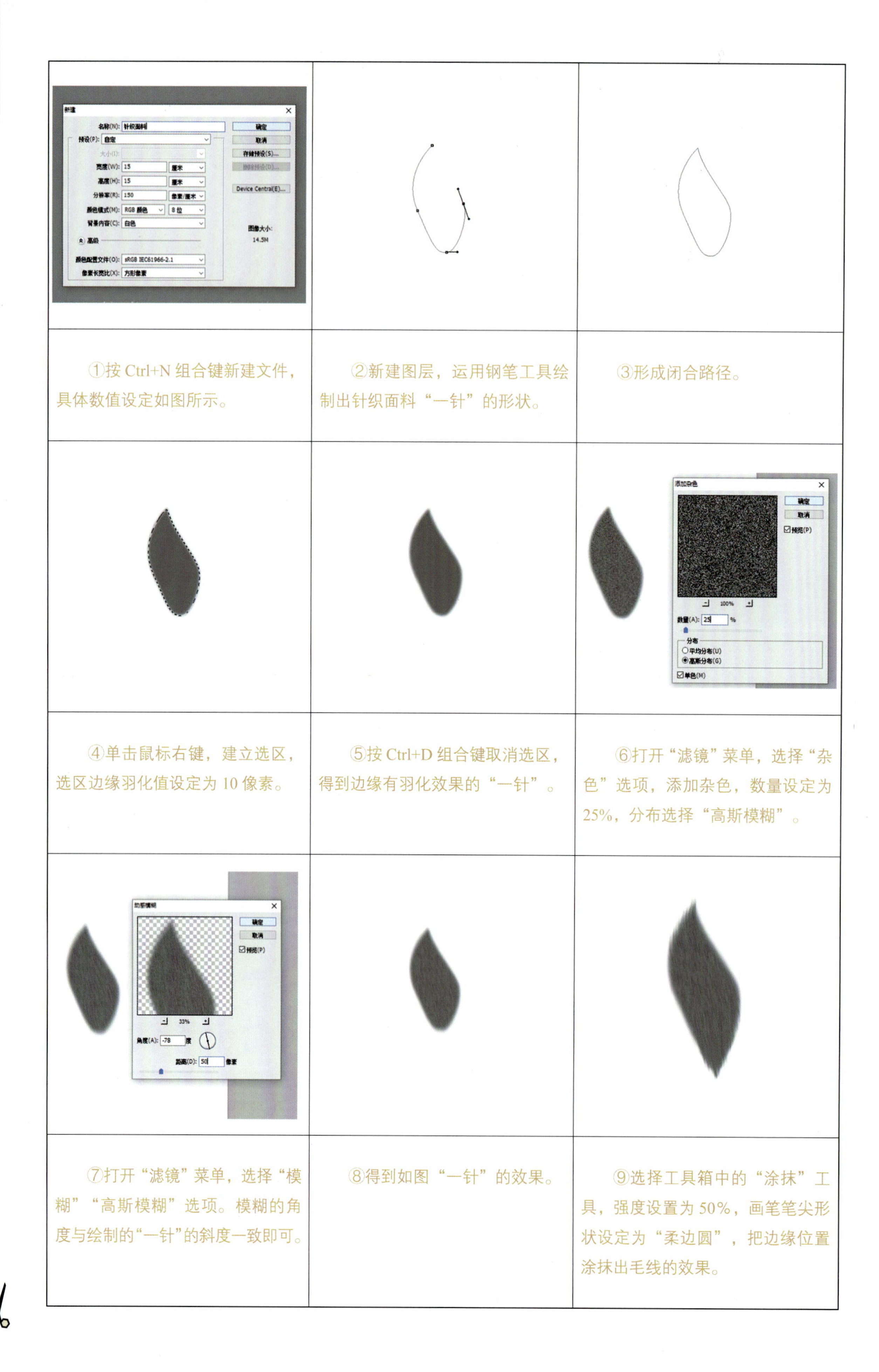

①按 Ctrl+N 组合键新建文件，具体数值设定如图所示。

②新建图层，运用钢笔工具绘制出针织面料“一针”的形状。

③形成闭合路径。

④单击鼠标右键，建立选区，选区边缘羽化值设定为 10 像素。

⑤按 Ctrl+D 组合键取消选区，得到边缘有羽化效果的“一针”。

⑥打开“滤镜”菜单，选择“杂色”选项，添加杂色，数量设定为 25%，分布选择“高斯模糊”。

⑦打开“滤镜”菜单，选择“模糊”“高斯模糊”选项。模糊的角度与绘制的“一针”的斜度一致即可。

⑧得到如图“一针”的效果。

⑨选择工具箱中的“涂抹”工具，强度设置为 50%，画笔笔尖形状设定为“柔边圆”，把边缘位置涂抹出毛线的效果。

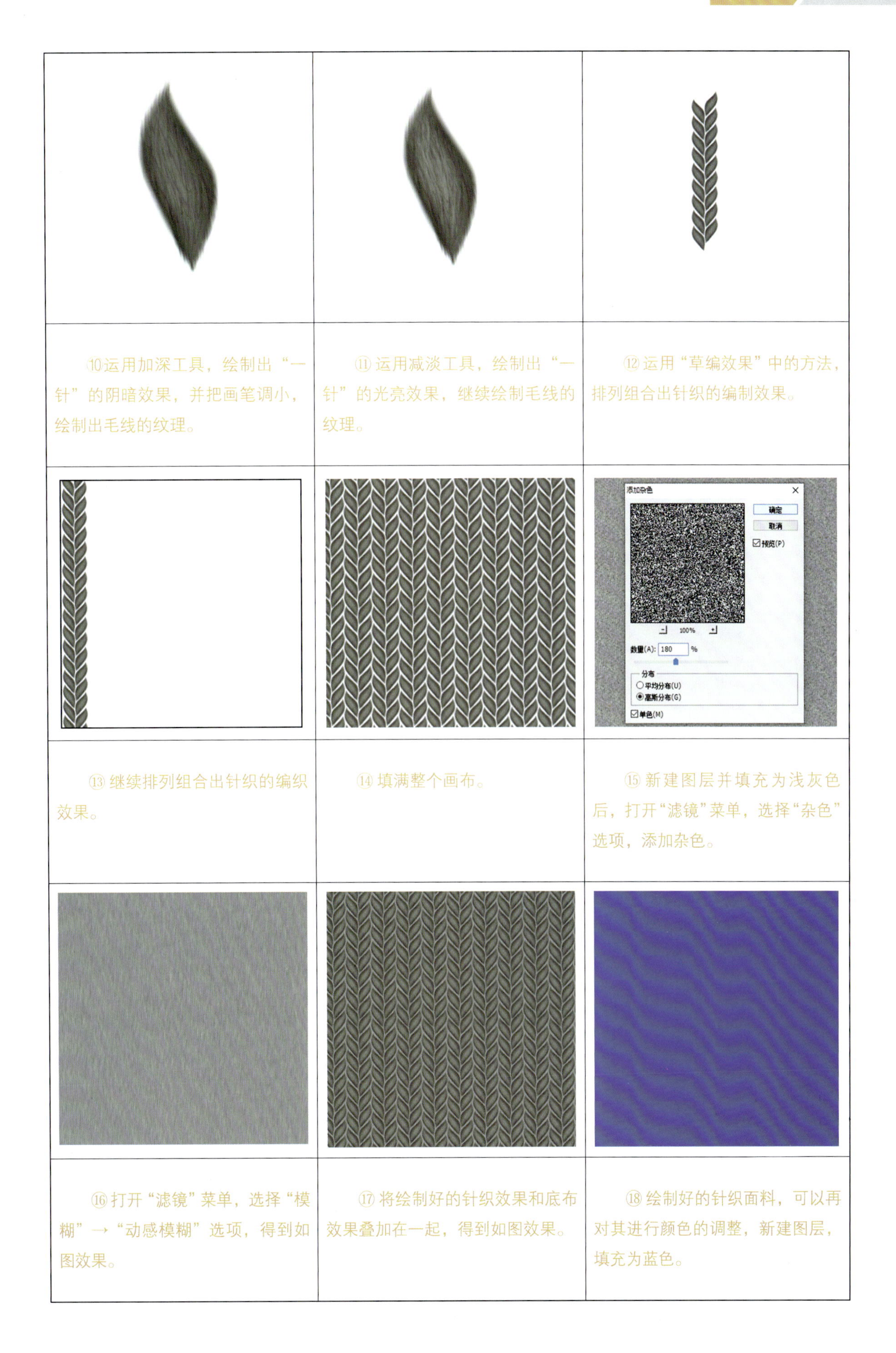

⑩运用加深工具，绘制出“一针”的阴暗效果，并把画笔调小，绘制出毛线的纹理。

⑪运用减淡工具，绘制出“一针”的光亮效果，继续绘制毛线的纹理。

⑫运用“草编效果”中的方法，排列组合出针织的编制效果。

⑬继续排列组合出针织的编织效果。

⑭填满整个画布。

⑮新建图层并填充为浅灰色后，打开“滤镜”菜单，选择“杂色”选项，添加杂色。

⑯打开“滤镜”菜单，选择“模糊”→“动感模糊”选项，得到如图效果。

⑰将绘制好的针织效果和底布效果叠加在一起，得到如图效果。

⑱绘制好的针织面料，可以再对其进行颜色的调整，新建图层，填充为蓝色。

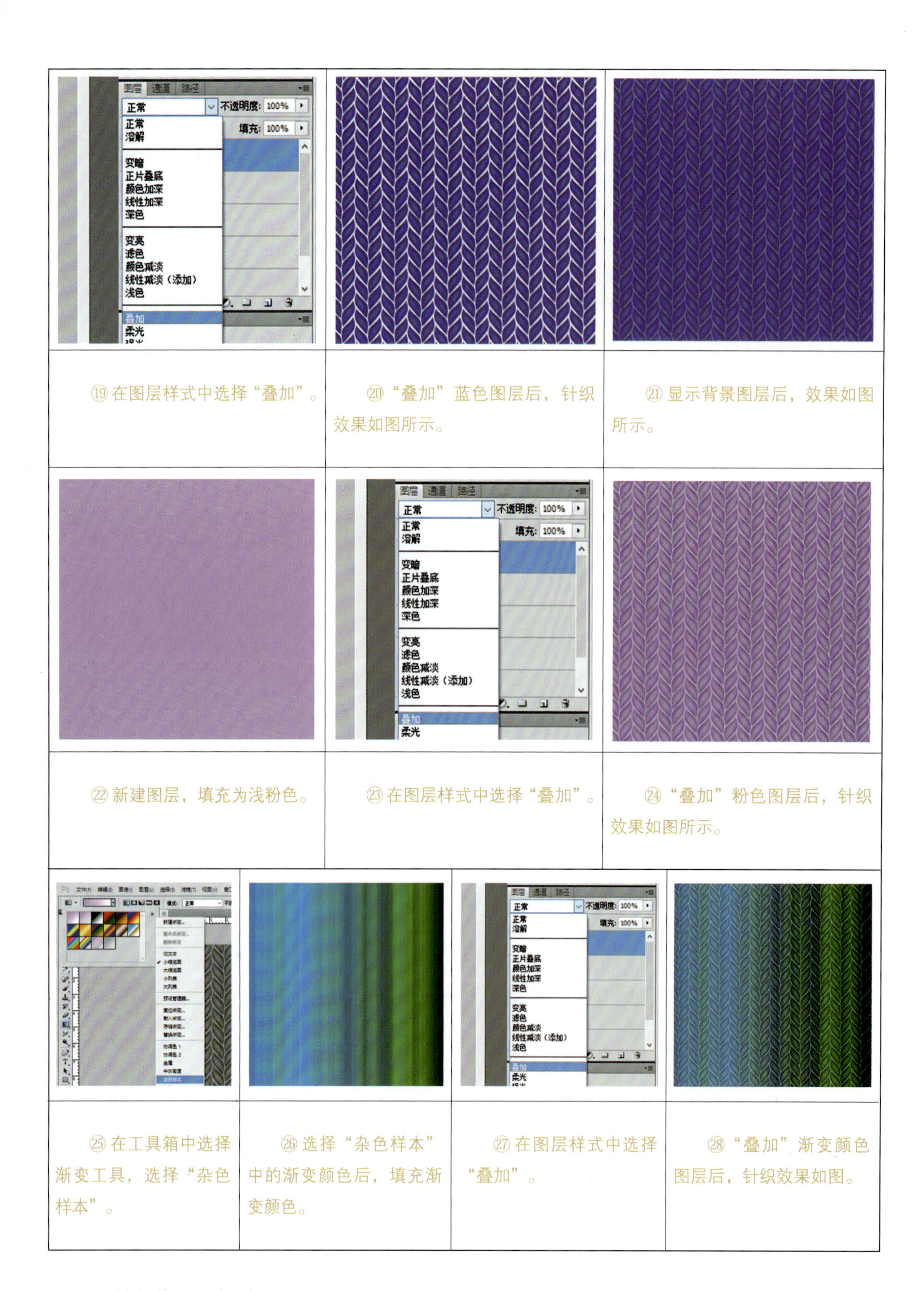

⑲ 在图层样式中选择“叠加”。

⑳“叠加”蓝色图层后，针织效果如图所示。

㉑ 显示背景图层后，效果如图所示。

㉒ 新建图层，填充为浅粉色。

㉓ 在图层样式中选择“叠加”。

㉔“叠加”粉色图层后，针织效果如图所示。

㉕ 在工具箱中选择渐变工具，选择“杂色样本”。

㉖ 选择“杂色样本”中的渐变颜色后，填充渐变颜色。

㉗ 在图层样式中选择“叠加”。

㉘“叠加”渐变颜色图层后，针织效果如图。

6. 绘制蕾丝网纱面料

蕾丝网纱面料的绘制，须注意蕾丝本身的图案效果把控，还须注意两方连续的蕾丝图案处理方式与排列方式。具体绘制方法和步骤如下所述。

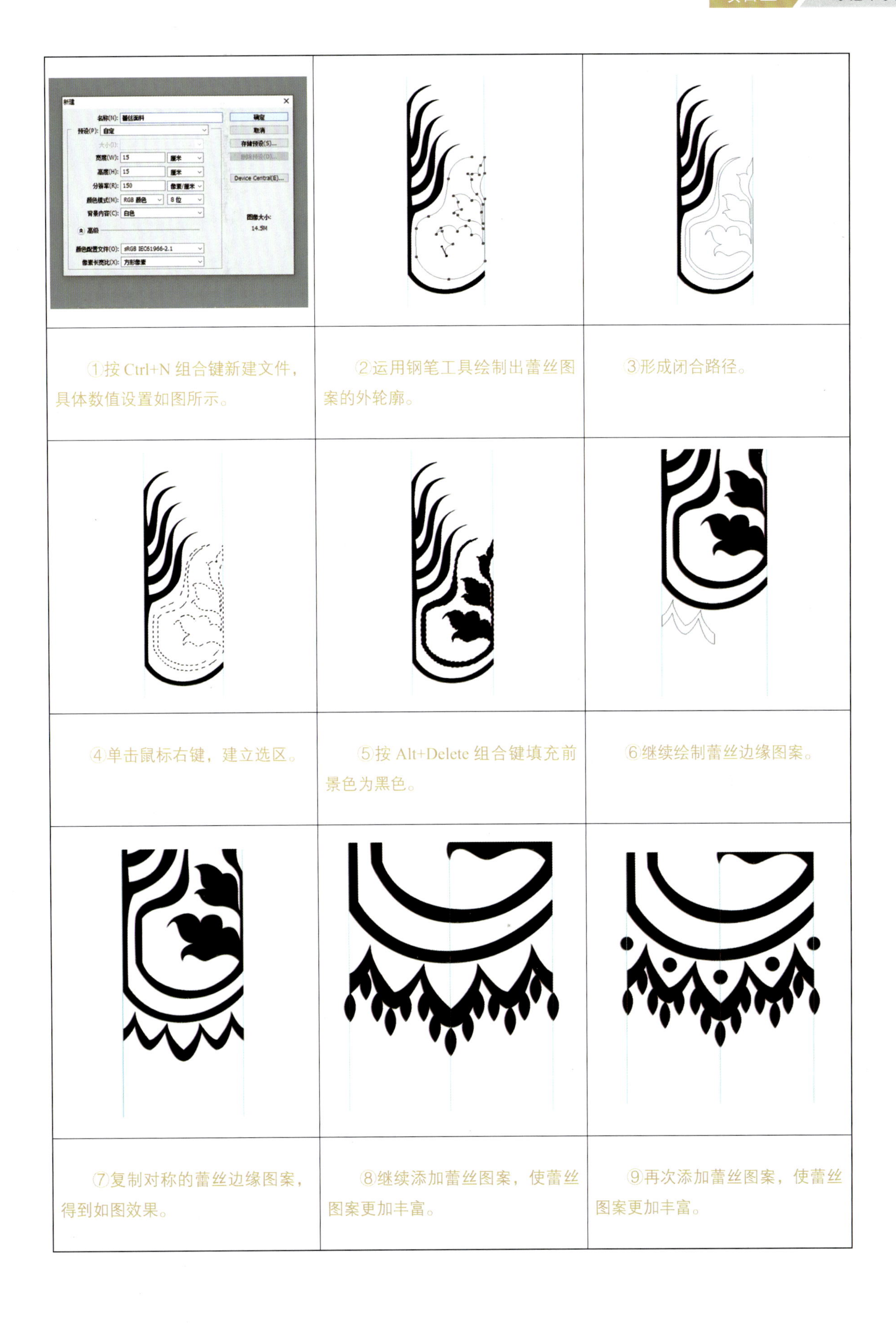

①按 Ctrl+N 组合键新建文件，具体数值设置如图所示。

②运用钢笔工具绘制出蕾丝图案的外轮廓。

③形成闭合路径。

④单击鼠标右键，建立选区。

⑤按 Alt+Delete 组合键填充前景色为黑色。

⑥继续绘制蕾丝边缘图案。

⑦复制对称的蕾丝边缘图案，得到如图效果。

⑧继续添加蕾丝图案，使蕾丝图案更加丰富。

⑨再次添加蕾丝图案，使蕾丝图案更加丰富。

⑩运用钢笔工具抠出镂空位置。	⑪ 绘制好的蕾丝图案如图所示，将蕾丝图案的所有图层合并。	⑫ 蕾丝图案对称。
		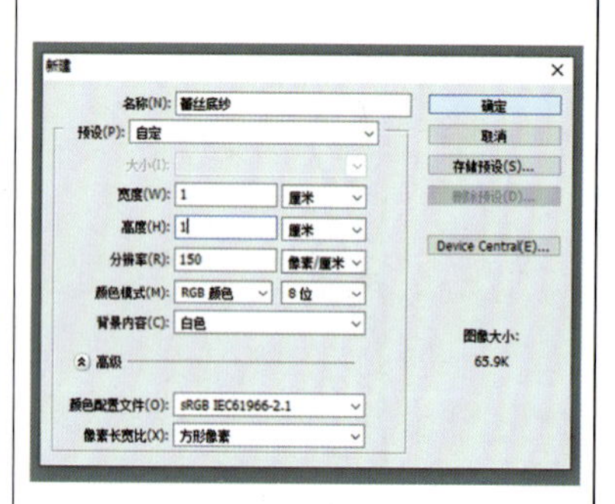
⑬ 填充满整个画布。	⑭ 蕾丝图案上下对称后，错位排列，效果如图所示。	⑮ 按 Ctrl+N 组合键新建文件，具体数值设定如图所示。
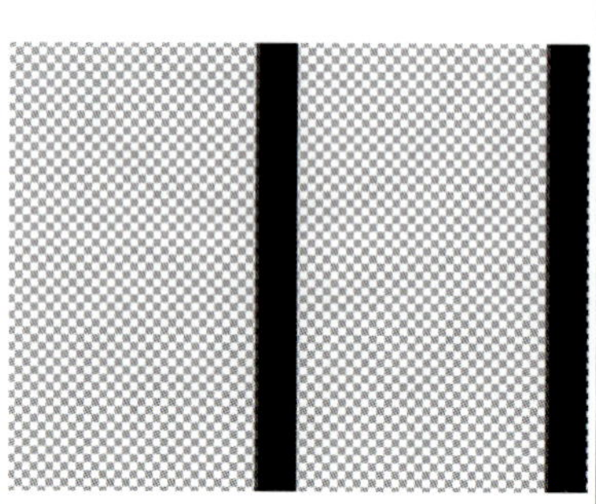	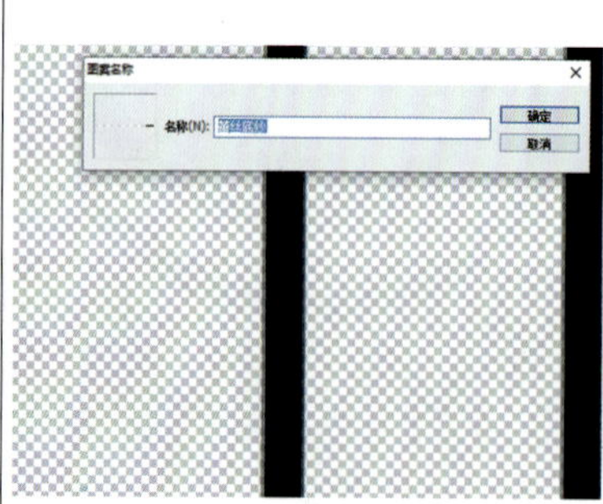	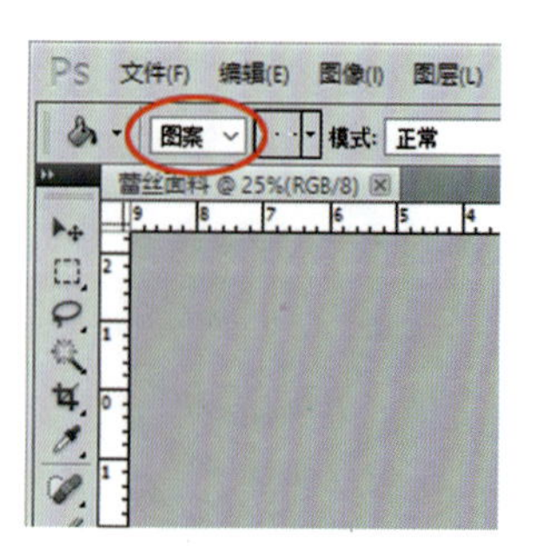
⑯ 在 0.5 cm 处和 1 cm 处，各绘制一个相同大小的矩形。	⑰ 在背景图案为“透明”的状态下，按 Ctrl+A 组合键全选整个画布中的图案，打开“编辑”菜单，选择“定义图案”选项，弹出“图案名称”对话框，单击“确定”按钮，完成添加定义图案。	⑱ 回到“蕾丝面料”文件中，新建图层，选择“油漆桶”工具，选择用图案填充。

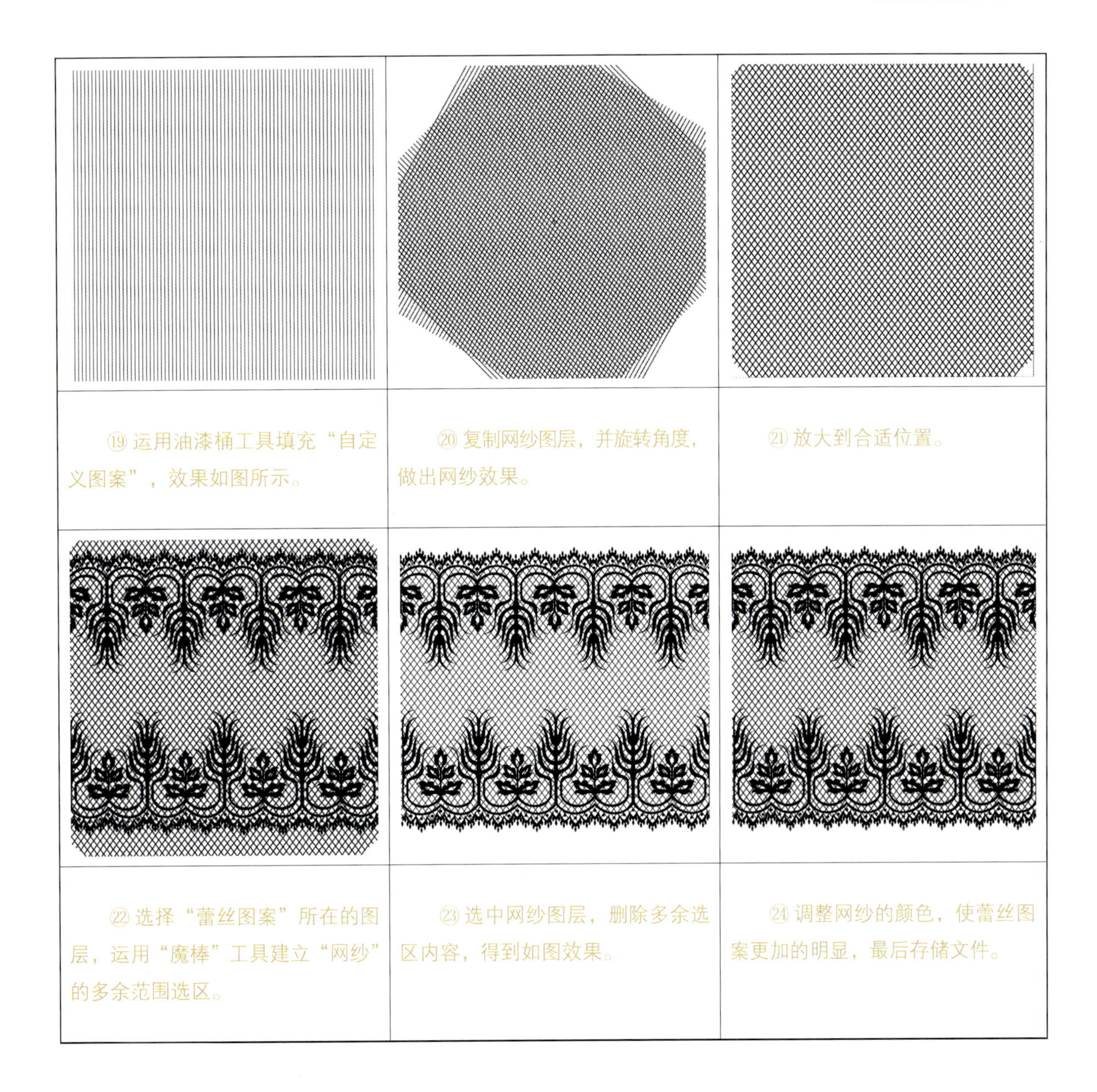

⑲ 运用油漆桶工具填充“自定义图案”，效果如图所示。

⑳ 复制网纱图层，并旋转角度，做出网纱效果。

㉑ 放大到合适位置。

㉒ 选择“蕾丝图案”所在的图层，运用“魔棒”工具建立“网纱”的多余范围选区。

㉓ 选中网纱图层，删除多余选区内容，得到如图效果。

㉔ 调整网纱的颜色，使蕾丝图案更加的明显，最后存储文件。

任务二　服装款式图中的面料应用

一、任务要求

运用 Photoshop 软件绘制服装款式图两张，A4 大小，分辨率 300dpi，RGB 色彩模式。

二、任务准备

（1）收集当季服装流行趋势，整理服装款式资料，挑选裙装和礼服款式各 20 款。

（2）了解 Photoshop 软件中的滤镜菜单中的添加杂色、模糊等命令。

（3）了解 Photoshop 软件中钢笔工具的运用以及变形工具的使用技巧。

三、任务考核

（1）掌握款式图的绘制比例与技巧。

（2）熟练掌握钢笔工具的使用方法。

（3）熟练绘制复杂面料质感效果。

（4）熟练掌握图案填充与拼接技巧。

（5）掌握图层样式中斜面与浮雕的效果处理。

（6）掌握拉链的绘制方法。

四、参考实例

1．绘制毛呢格纹短裙款式图

该实例绘画过程中须注意款式图的绘制比例与技巧、钢笔工具的使用方法，将重点讲解面料基本肌理的绘制及格纹图案的绘制，学习难点是拉链的绘制方法。绘制过程将使用到 Photoshop 软件中的滤镜功能、矩形选框工具组以及移动复制等功能。

“毛呢格纹短裙”款式图的绘制，一共分为两大步骤。

步骤一：毛呢格纹面料质感的绘制。

		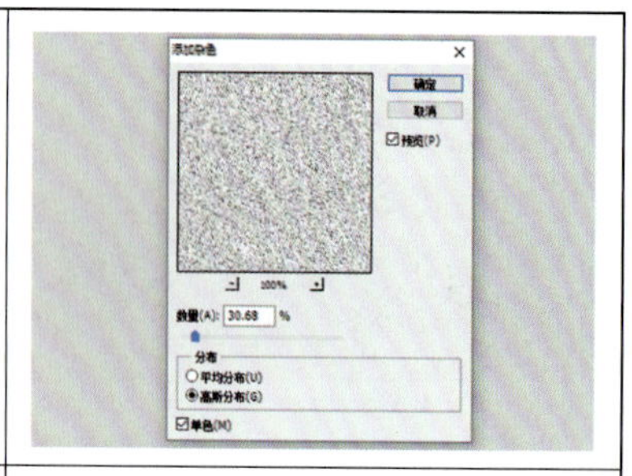
①按 Ctrl+N 组合键新建文件，具体数值设定如图所示。	②新建图层 1，并按 Alt+Delete 组合键填充为淡灰色。	③打开“滤镜”菜单，选择“杂色”选项，添加杂色。设置杂色的数量为 30.68%。
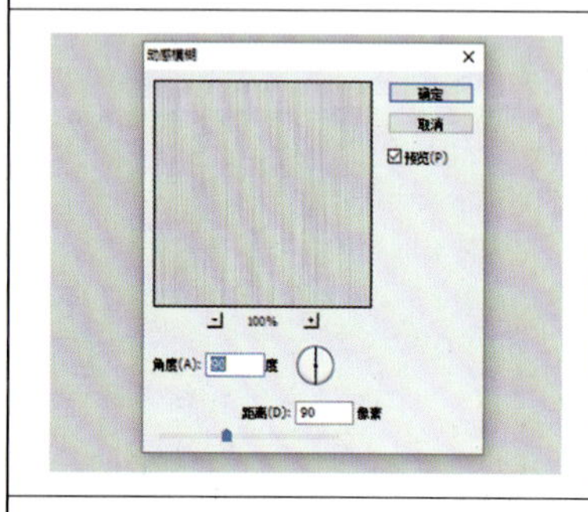		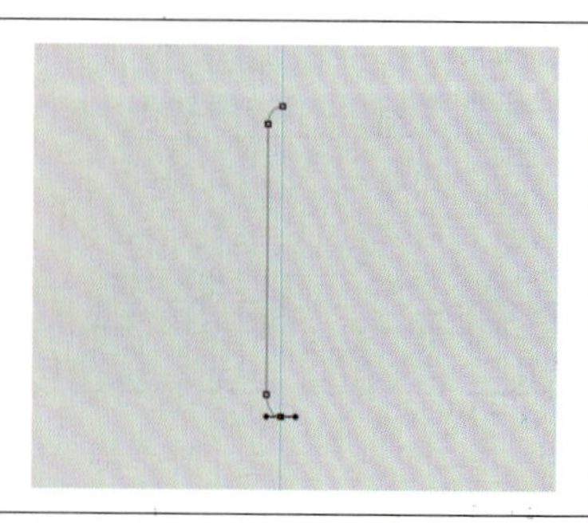
④单击“滤镜”菜单，选择“模糊”“动感模糊”选项，设置模糊角度为 90 度，模糊的距离为 90 像素。	⑤得到如图所示的底纹效果，然后锁定“图层 1”。	⑥新建图层 2，按 Ctrl+R 组合键显示标尺，拉出一条辅助线，选择钢笔工具，以辅助线为起点，进行路径绘制，须注意在拉出操控手柄的同时须按住 Shift 键，保证路径的顺滑。

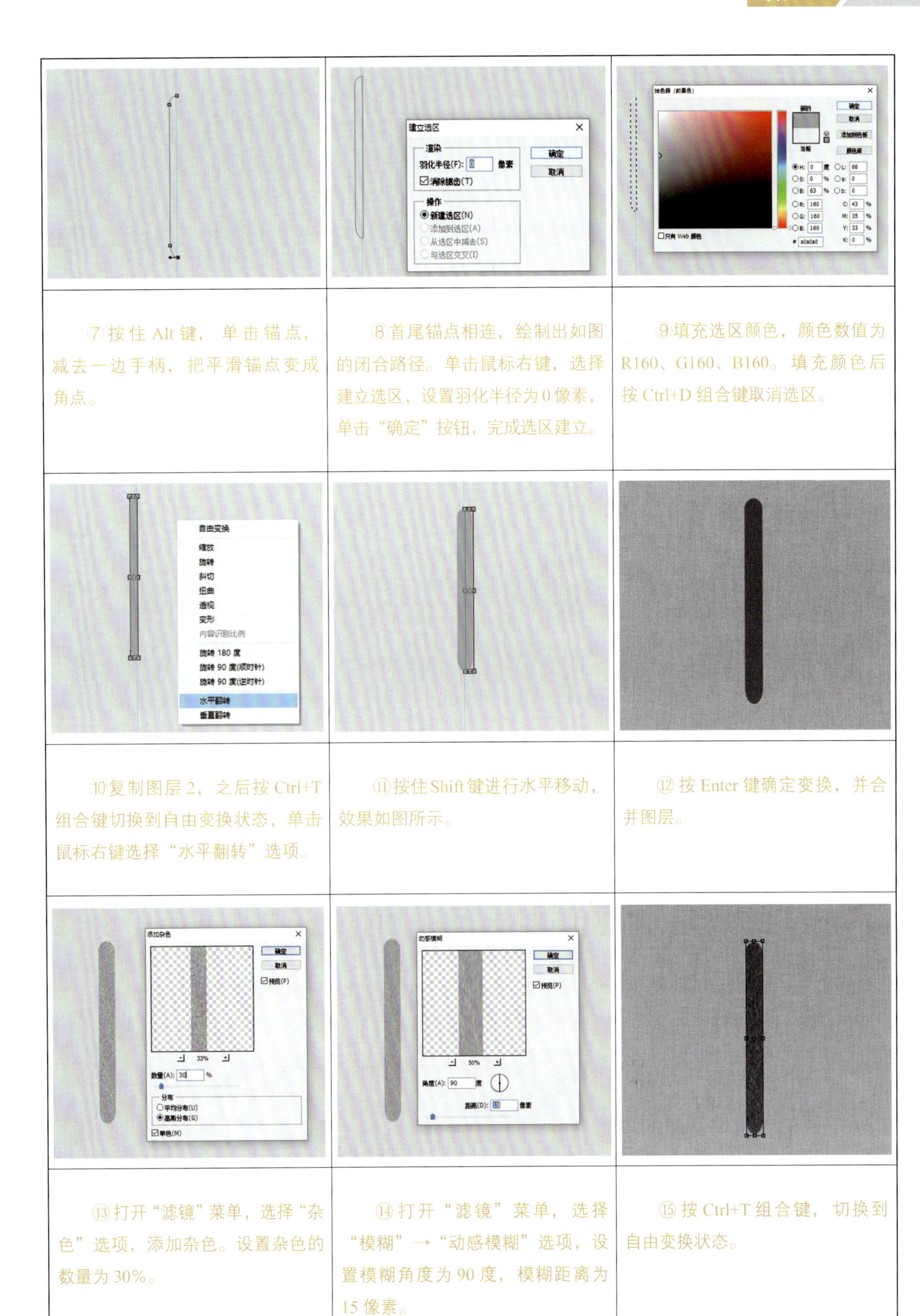

⑦按住 Alt 键，单击锚点，减去一边手柄，把平滑锚点变成角点。

⑧首尾锚点相连，绘制出如图的闭合路径。单击鼠标右键，选择建立选区，设置羽化半径为 0 像素，单击“确定”按钮，完成选区建立。

⑨填充选区颜色，颜色数值为 R160、G160、B160。填充颜色后按 Ctrl+D 组合键取消选区。

⑩复制图层 2，之后按 Ctrl+T 组合键切换到自由变换状态，单击鼠标右键选择“水平翻转”选项。

⑪按住 Shift 键进行水平移动，效果如图所示。

⑫按 Enter 键确定变换，并合并图层。

⑬打开“滤镜”菜单，选择“杂色”选项，添加杂色。设置杂色的数量为 30%。

⑭打开“滤镜”菜单，选择“模糊”→“动感模糊”选项，设置模糊角度为 90 度，模糊距离为 15 像素。

⑮按 Ctrl+T 组合键，切换到自由变换状态。

⑯ 按住 Shift 键进行成角度旋转，旋转 45° ，效果如图。

⑰ 确定变换，效果如图。

⑱ 按住 Alt+Shift 组合键进行垂直移动复制，并合并图层，效果如图。

⑲ 继续上一步操作，按住 Alt+Shift 组合键进行垂直移动复制，并合并图层，效果如图。

⑳ 复制⑲中的图案图层，按 Ctrl+T 组合键切换到自由变换状态。

㉑ 单击鼠标右键，选择“水平翻转”选项，进行翻转，效果如图。

㉒ 按住 Shift 键进行平行和垂直移动，效果如图，最后合并图层。

㉓ 继续按住 Alt+Shift 组合键进行垂直移动复制，并合并图层，效果如图。

㉔ 重复按住 Alt+Shift 组合键进行水平移动复制，合并图层，效果如图。

㉕ 重复以上操作，直到把图案填满整个画布，最后将图案合并成一个图层。

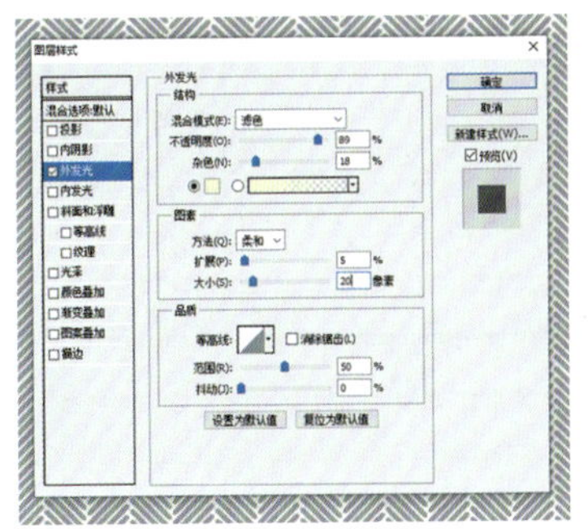

㉖ 双击图案图层空白位置，弹出“图层样式”对话框，勾选“外发”光复选框，数值设置如图所示。

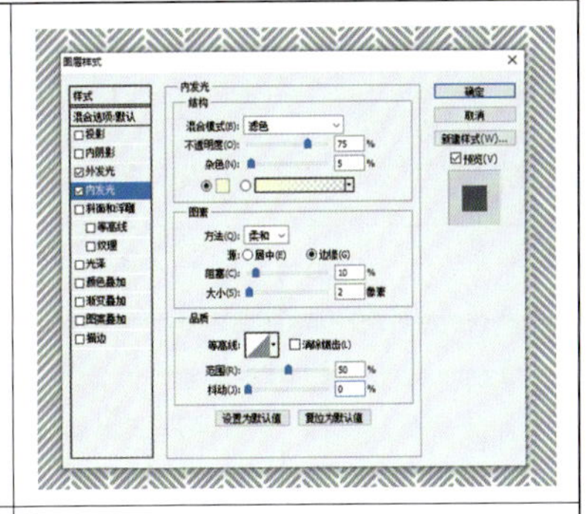

㉗ 再勾选“内发光”复选框，数值设置如图所示。

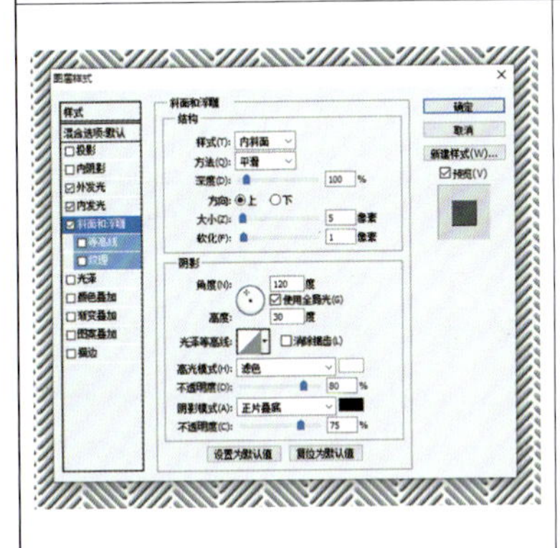

㉘ 最后勾选“斜面和浮雕”复选框，数值设置如图所示，单击确定按钮，完成设置。

㉙ 成品效果如图所示。

㉚ 最终效果如图所示。

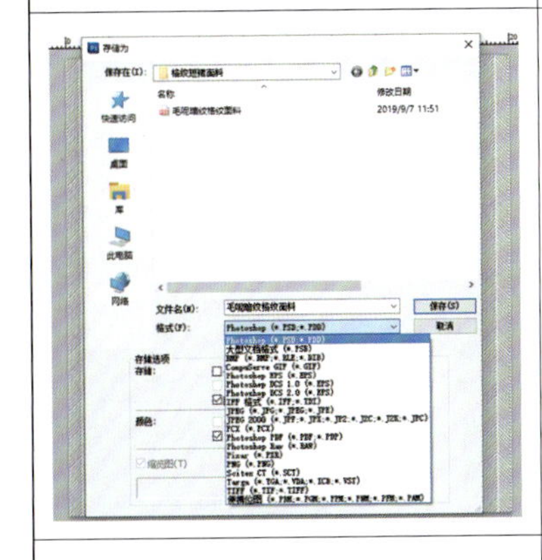

㉛ 按组键 Shift+Ctrl+S，存储为 PSD 源文件。（注：绘制好一个大的步骤后，须存储一下文件，防止电脑死机、软件闪退等意外发生。）

㉜ 运用矩形选框工具绘制出横格纹，移动复制到整个画布中。（具体步骤详见格纹面料绘制）

㉝ 运用矩形选框工具绘制出竖格纹，移动复制到整个画布中。（具体步骤详见格纹面料绘制）

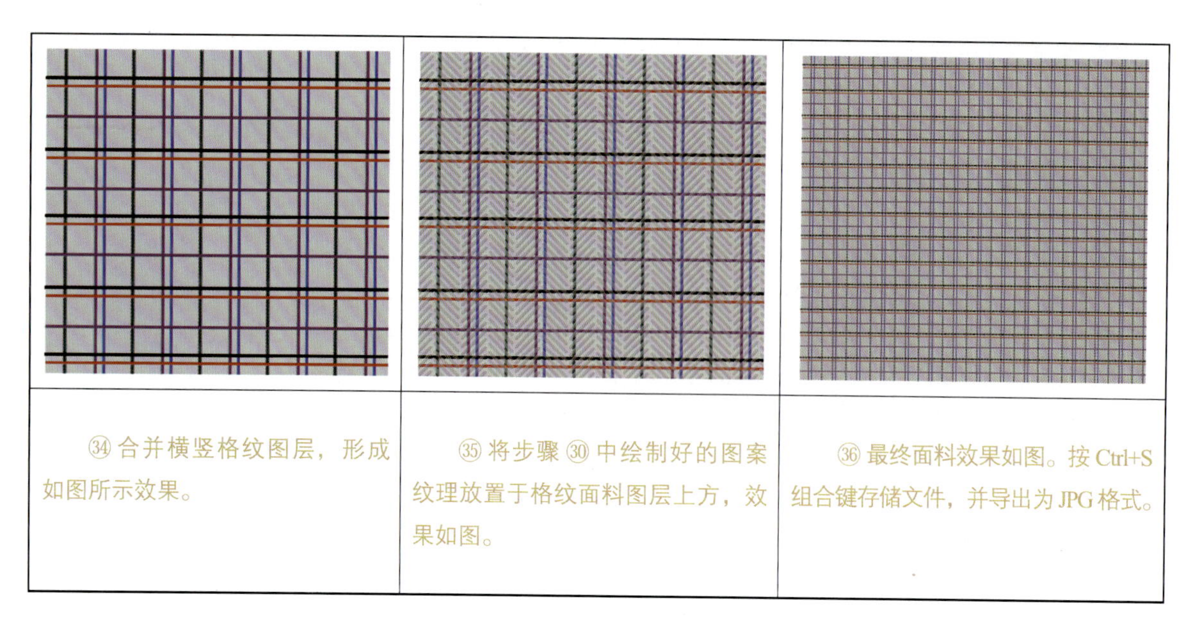

㉞合并横竖格纹图层，形成如图所示效果。	㉟将步骤㉚中绘制好的图案纹理放置于格纹面料图层上方，效果如图。	㊱最终面料效果如图。按 Ctrl+S 组合键存储文件，并导出为 JPG 格式。

步骤二：款式图的绘制、拉链的绘制、阴影的绘制。

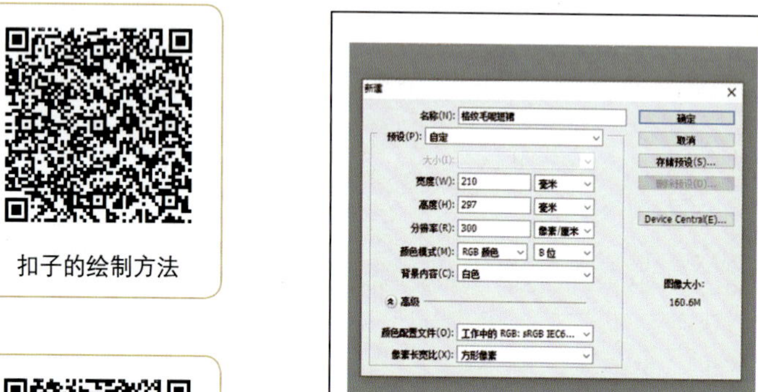

扣子的绘制方法

拉链的绘制方法

①按 Ctrl+N 组合键新建文件，数值设定如图所示。	②导入人台图片。按 Ctrl+R 组合键显示标尺，并拉出两条辅助线，调整人台位置。

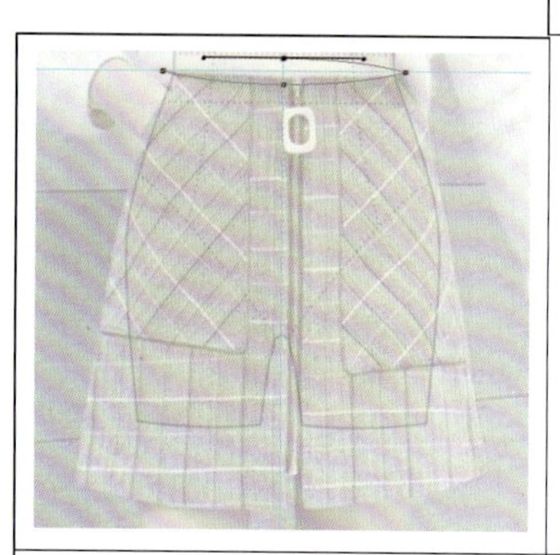

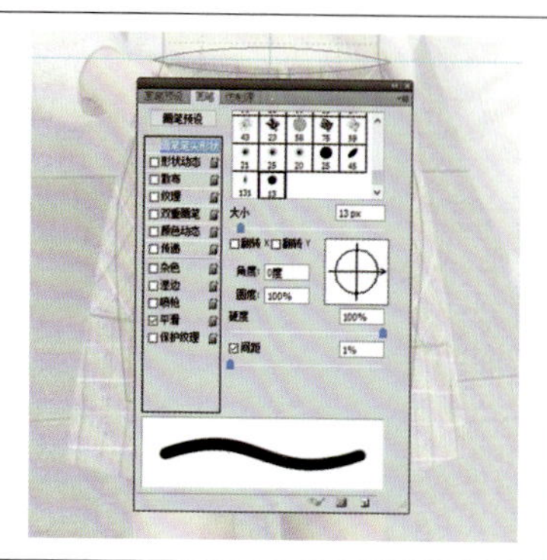

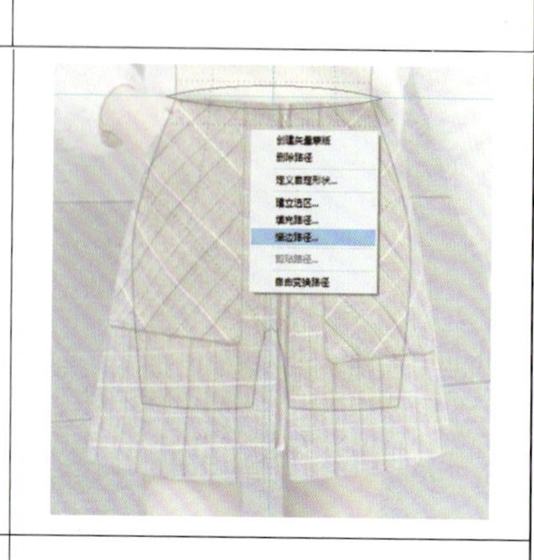

③导入短裙实物图，调整短裙位置。选择“钢笔”工具，进行路径绘制，在拉出操控手柄的同时须按住 Shift 键，保证路径的平滑。	④新建“图层 1”，设置画笔工具，选择“硬边圆”画笔，大小设置为 13 px，画笔间距调成 1%。	⑤如图绘制出腰部闭合路径。

	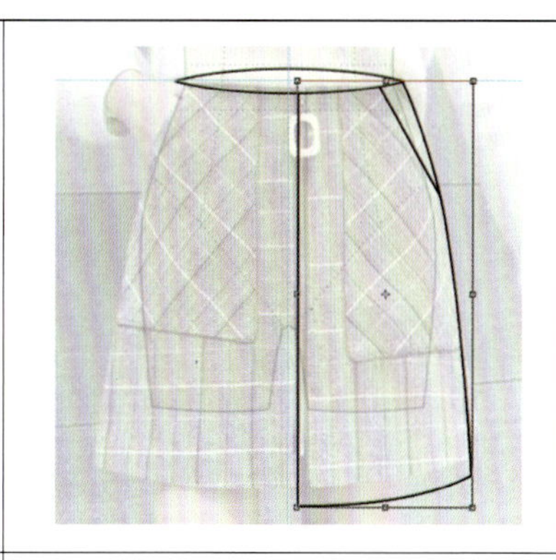	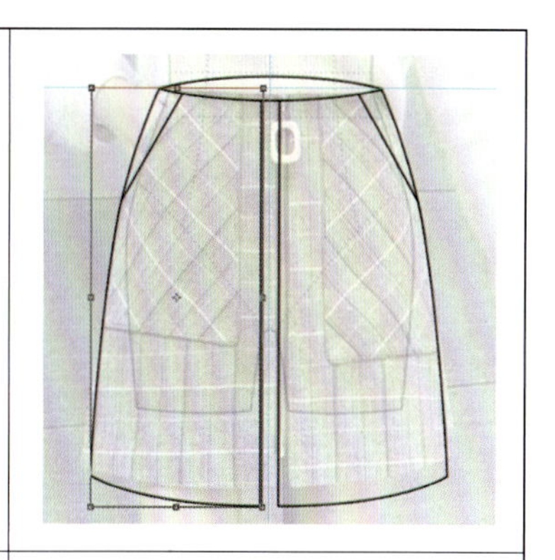
⑥新建“图层 2”，绘制短裙左右片。	⑦绘制兜口位置，复制“图层 2”，按 Ctrl+T 组合键切换自由变换状态，单击鼠标右键选择“水平翻转”选项。	⑧按住 Shift 键进行水平移动，效果如图。
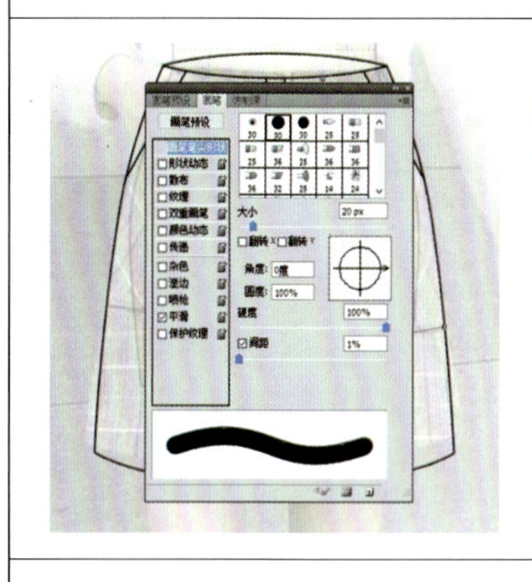		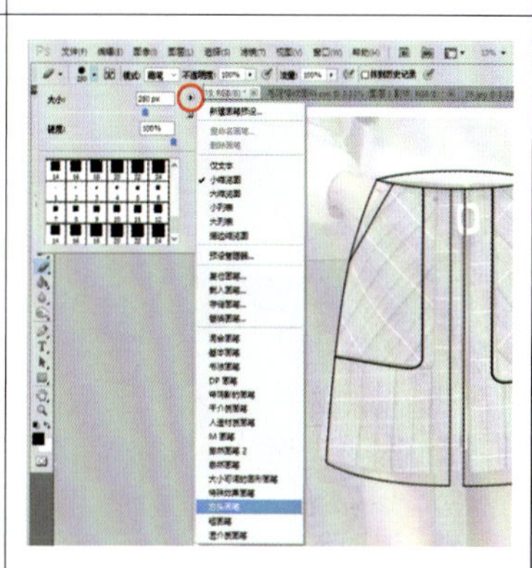
⑨新建“图层 3”，设置画笔工具，选择“硬边圆”画笔，大小设置为 20 px，画笔间距调成 1%。	⑩绘制贴兜形状，复制“图层 3”，按 Ctrl+T 组合键切换到自由变换状态，单击鼠标右键在弹出的右键菜单中选择“水平翻转”选择，移动后如图。	⑪新建“针迹线图层”，画笔工具中追加画笔笔尖形状“方头画笔”。
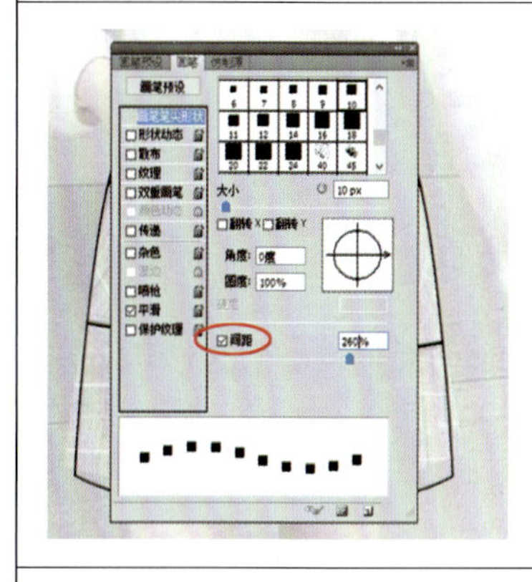	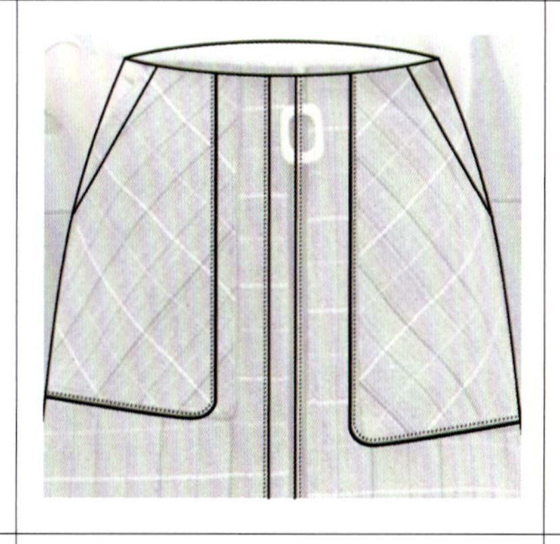	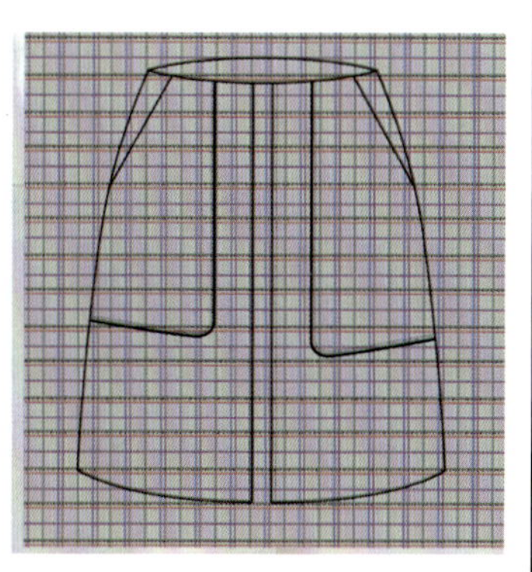
⑫选择“方头画笔”，大小设置为 10 px，画笔间距调成 260%。	⑬运用钢笔工具描边路径后绘制出针迹线的效果。	⑭导入绘制好的面料，调整合适位置与大小。

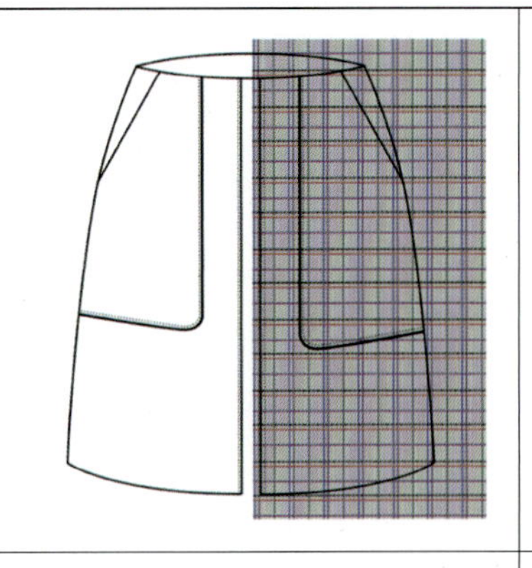	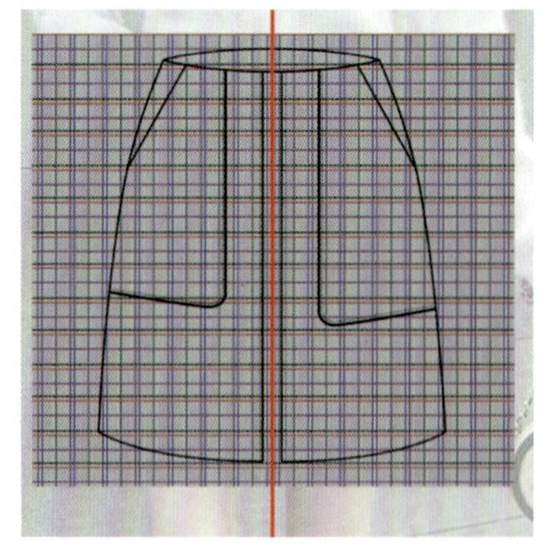	
⑮ 运用矩形选框工具，框选出合适大小后，按 Ctrl+C 组合键复制，Ctrl+V 组合键粘贴。	⑯ 调整左右图案对称后，填充面料，合并面料图层。	⑰ 运用“魔棒工具”在“加选”状态下，选择需要填充面料的区域。
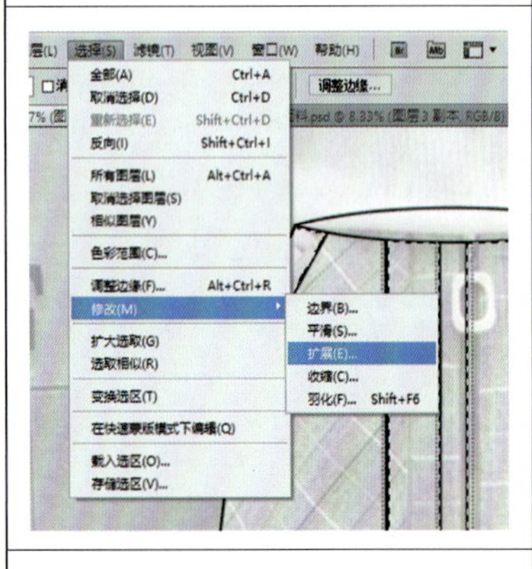	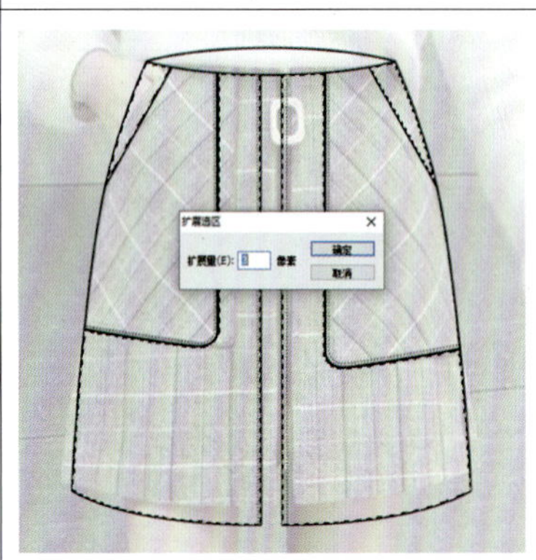	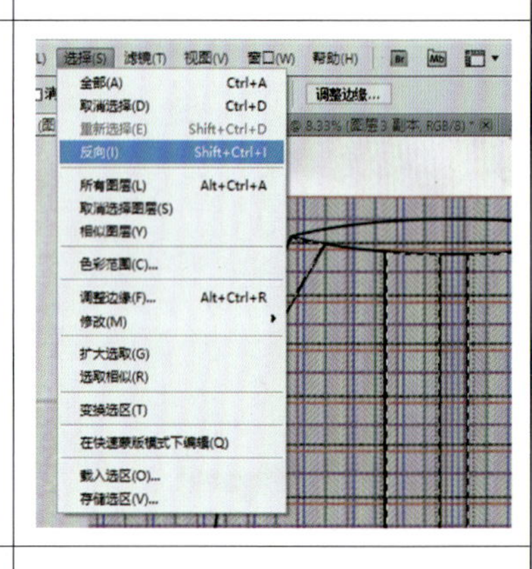
⑱ 打开“选择”菜单，选择“修改”→“扩展”选项。	⑲ 修改扩展量为“3 像素”。使魔棒工具建立的选区向外扩展 3 像素。	⑳ 按 Shift+Ctrl+I 快捷键，或者打开“选择”菜单，选择“反向”选项进行反选。
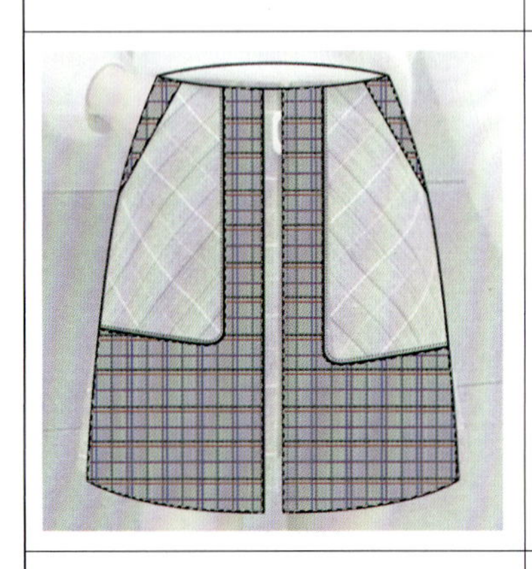	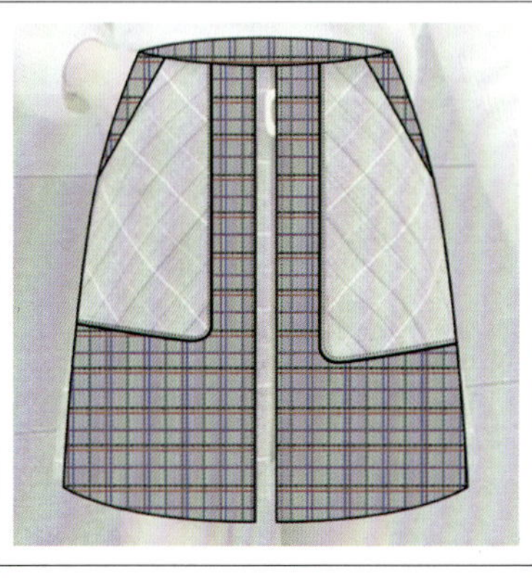	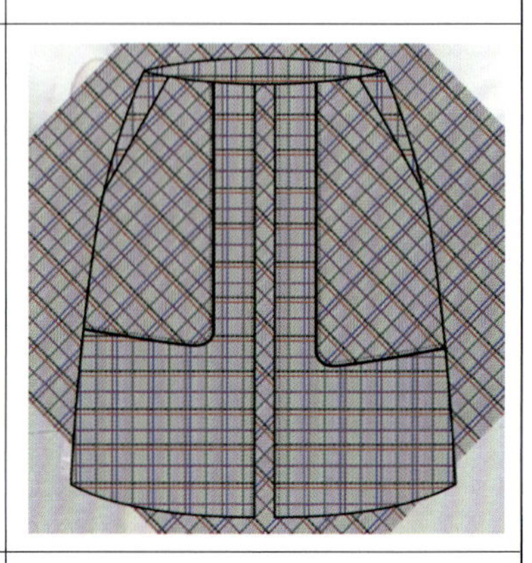
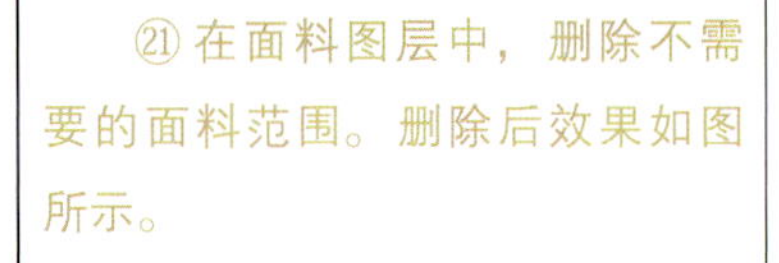 ㉑ 在面料图层中，删除不需要的面料范围。删除后效果如图所示。	㉒ 同样的方法，填充腰部面料范围。	㉓ 同样的方法填充口袋处面料图案。

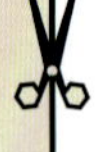

㉔ 新建图层，选择矩形选框工具，框选出“拉链布”的范围。

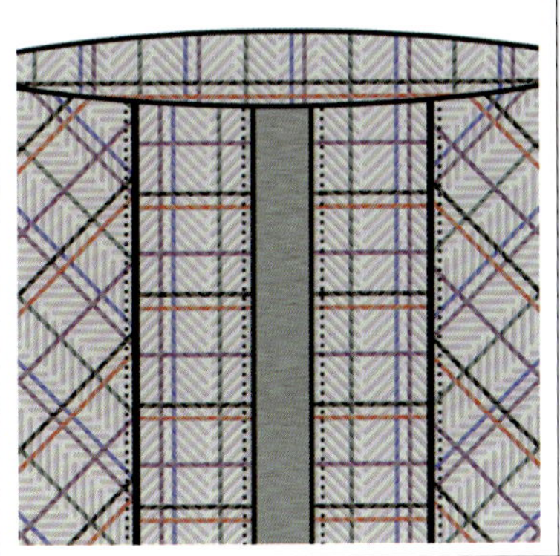

㉕ 填充“拉链布”为灰色，并打开“滤镜”菜单，选择“杂色”选项，添加杂色。然后再打开“滤镜”菜单，选择“模糊”→“动感模糊”选项，模糊角度设置为 0 度。

㉖ 运用矩形选框工具进行拉链头的绘制，绘制形状如图所示。

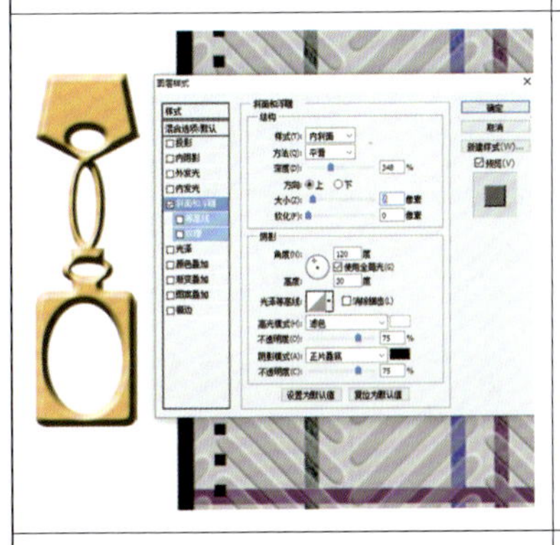

㉗ 双击图层空白位置，弹出“图层样式”对话框，勾选“斜面和浮雕”复选框，数值设置如图所示。最后单击“确定”按钮，完成设置。

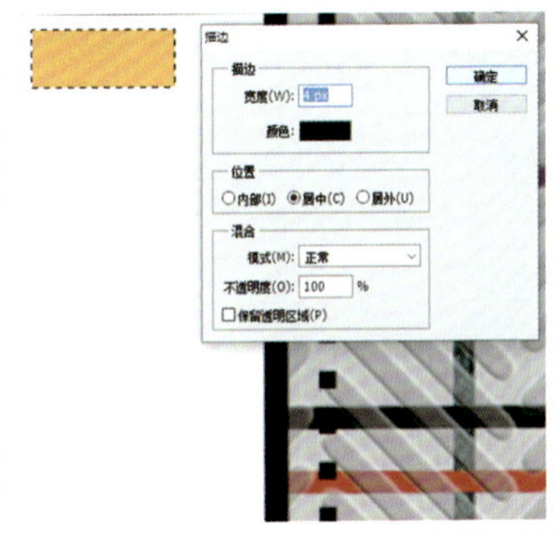

㉘ 绘制拉链牙的位置，填充颜色为金色，选区描边设置为 4 px，描边颜色为黑色。

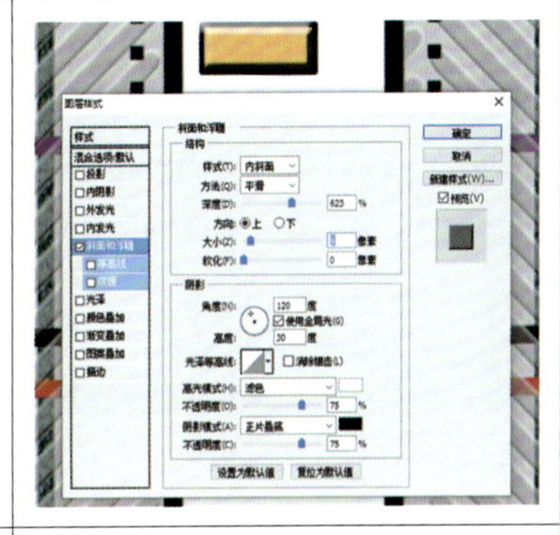

㉙ 双击图层空白位置，弹出“图层样式”对话框，勾选“斜面和浮雕”复选框，数值设置如图所示，单击“确定”按钮完成设置。

㉚ 按住 Alt+Shift 组合键进行移动复制，并合并图层，效果如图所示。

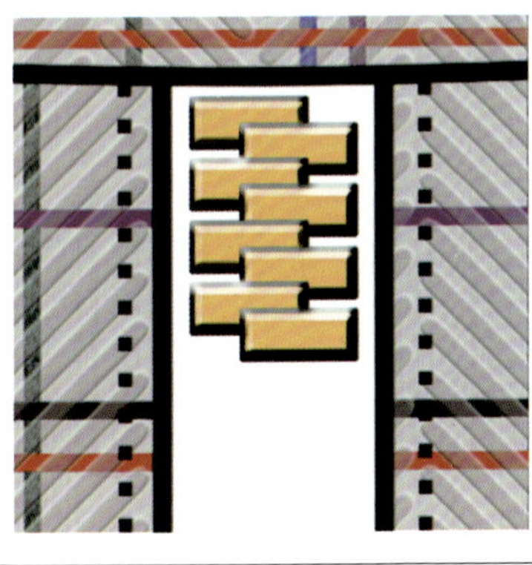

㉛ 继续按住 Alt+Shift 组合键进行移动复制，合并图层，效果如图所示。

㉜ 一直复制到底部，删除多余的拉链牙。

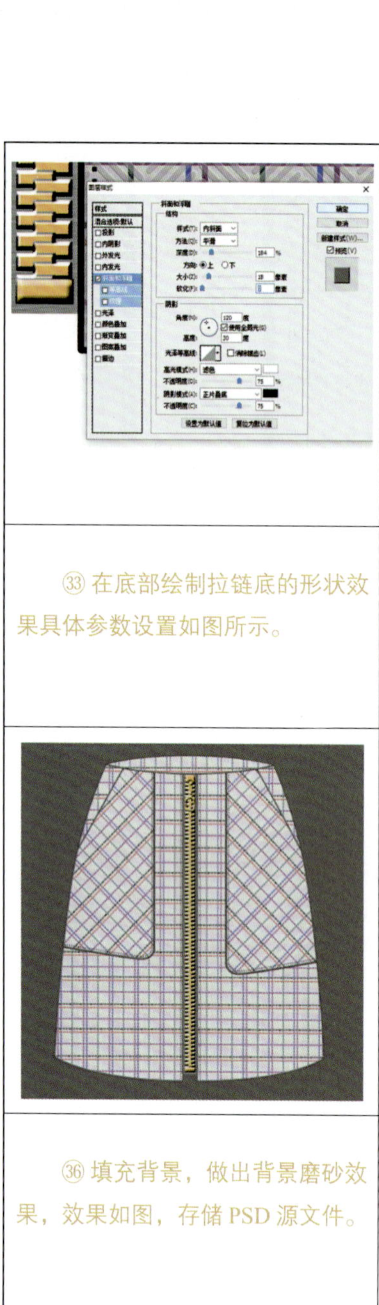	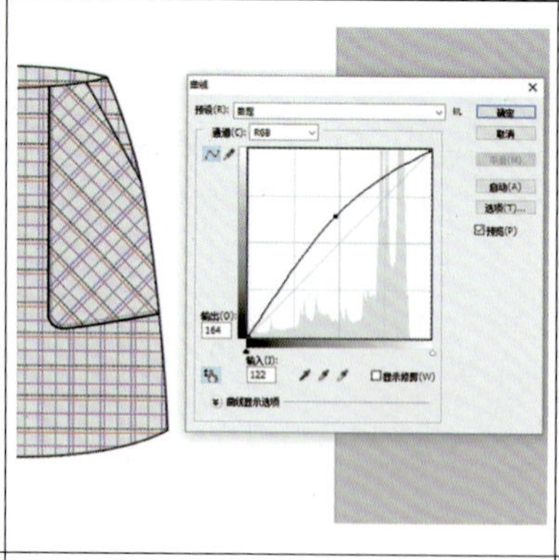	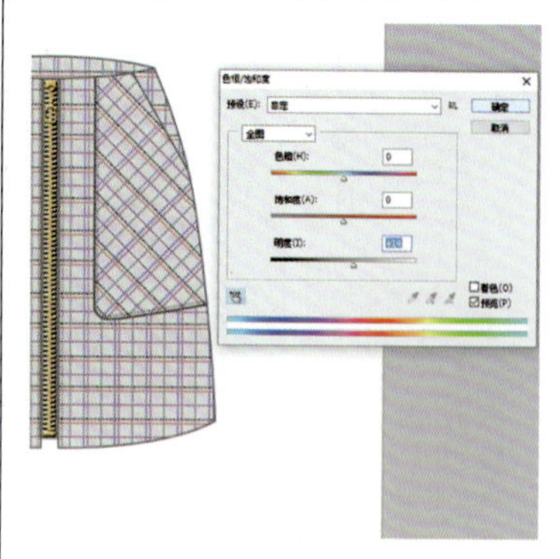
㉝ 在底部绘制拉链底的形状效果具体参数设置如图所示。	㉞ 按 Ctrl+M 组合键弹出“曲线”窗口，调整面料的颜色效果。	㉟ 按 Ctrl+U 组合键弹出色相 / 饱和度窗口，调整线稿的颜色效果。
	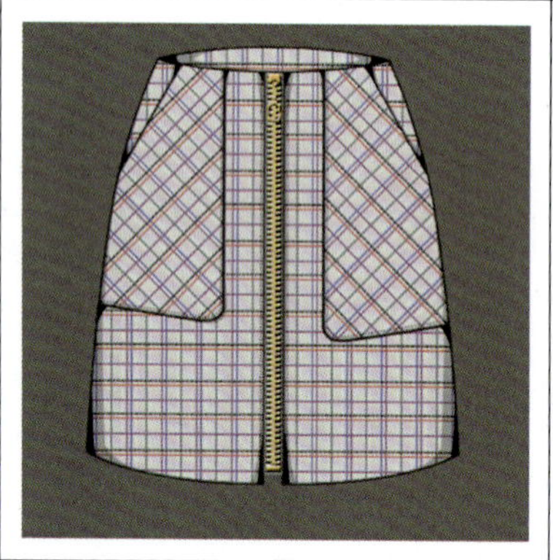	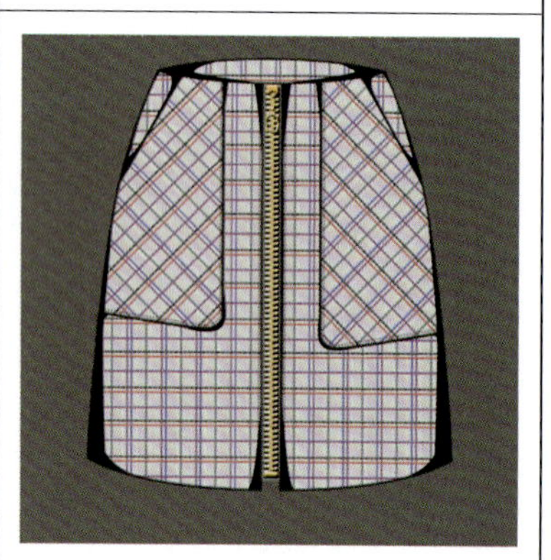
㊱ 填充背景，做出背景磨砂效果，效果如图，存储 PSD 源文件。	㊲ 继续进行立体效果绘制，新建图层，用钢笔工具绘制出如图所示的阴影范围，调整图层不透明度为 45%。	㊳ 新建图层，用钢笔工具绘制出如图所示的阴影范围，调整图层不透明度为 25%。
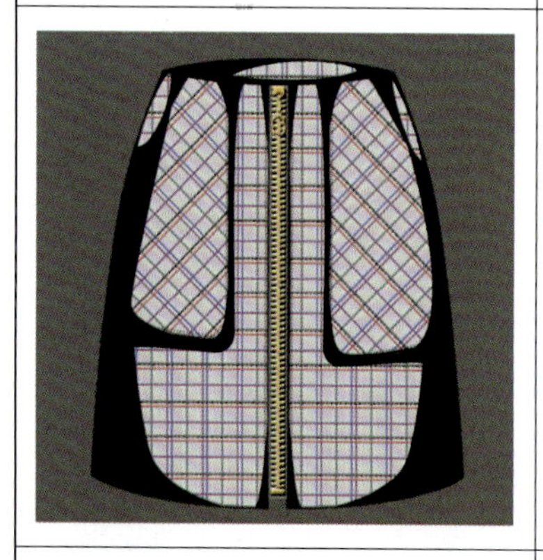	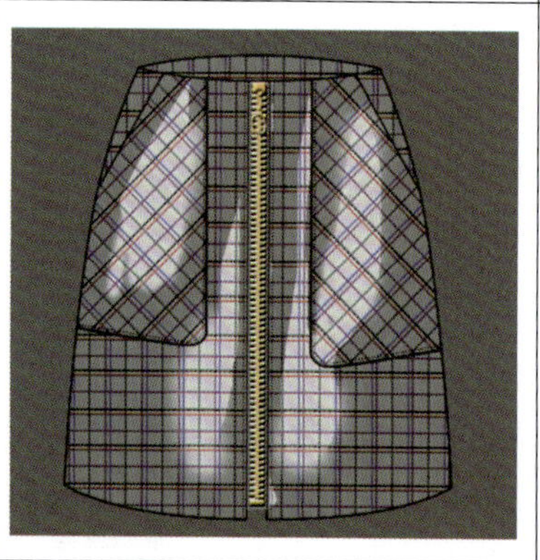	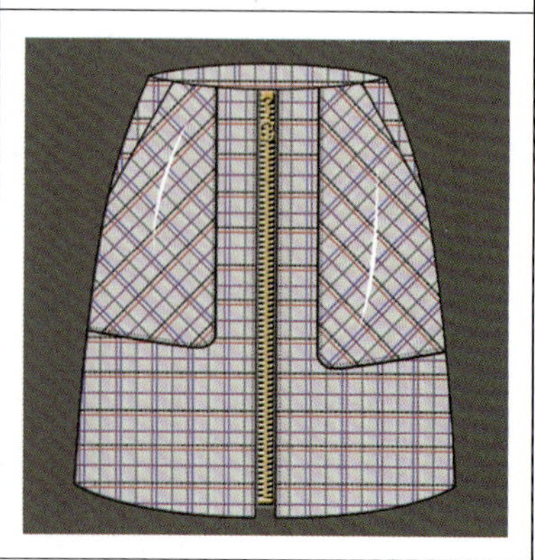
㊴ 新建图层，用钢笔工具绘制出如图所示的阴影范围，调整图层不透明度为 18%。	㊵ 新建图层，用钢笔工具绘制出如图所示的阴影范围，调整图层不透明度为 10%。	㊶ 新建图层，用钢笔工具绘制出如图的高光范围，调整图层不透明度为 25%。

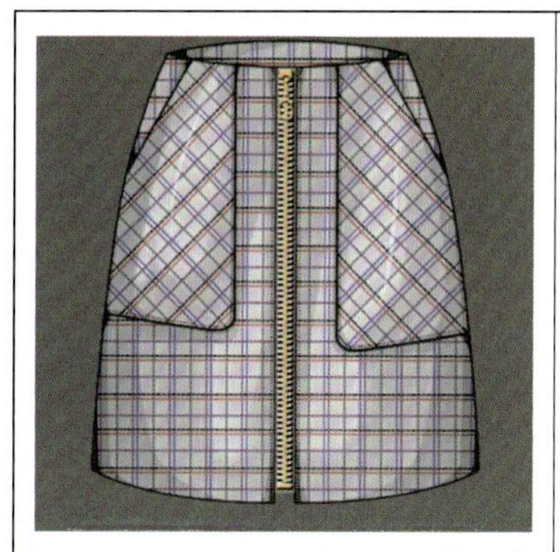	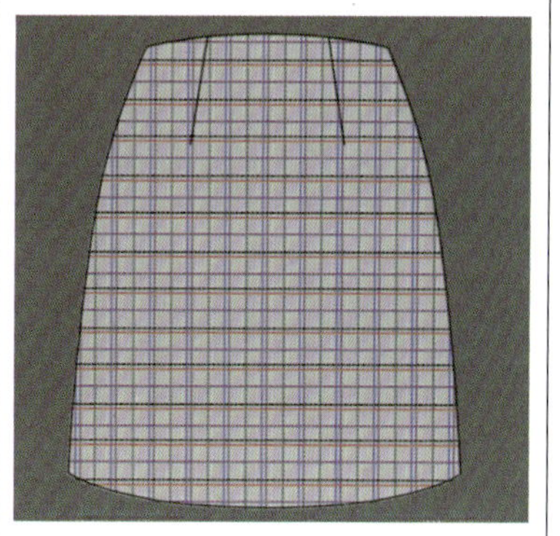	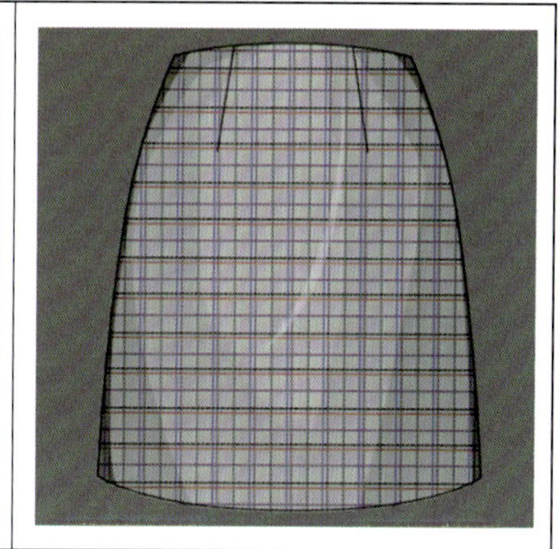
⑫ 五个图层的“不透明度”均设置好后，得到如图效果，存储 PSD 源文件。	⑬ 绘制背面款式图，步骤与正面款式图一致，得到如图效果。	⑭ 添加阴暗立体效果，存储 PSD 源文件。

2．蕾丝拼接礼服款式图的绘制

该实例绘画中，须注意款式图的绘制比例与技巧、钢笔工具的使用方法，将重点讲解图案填充与拼接技巧。

蕾丝拼接礼服款式图的绘制，一共分为两个大的步骤。

步骤一：蕾丝拼接礼服的款式图绘制。

步骤二：面料的填充。

变形功能

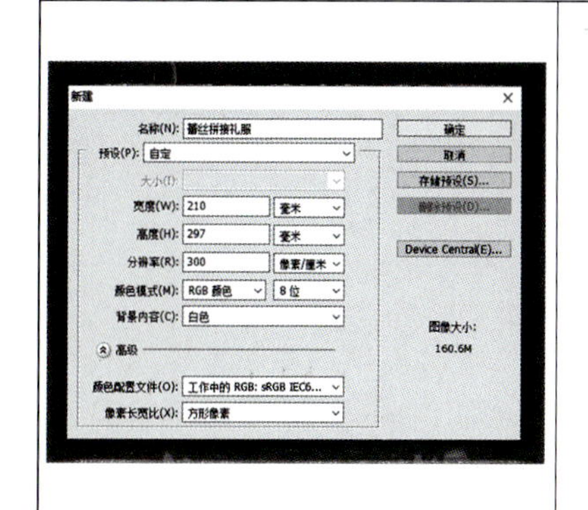		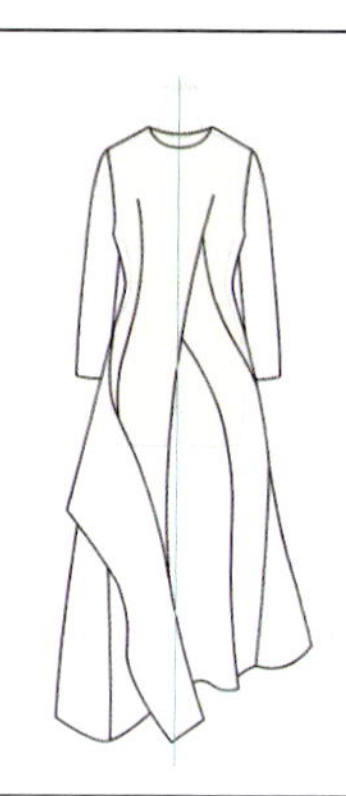
①按 Ctrl+N 组合键新建文件，数值设定如图所示。	②置入人台文件，调整人台位置和不透明度。	③以人台为人体基本形，绘制蕾丝拼接连衣裙款式图。

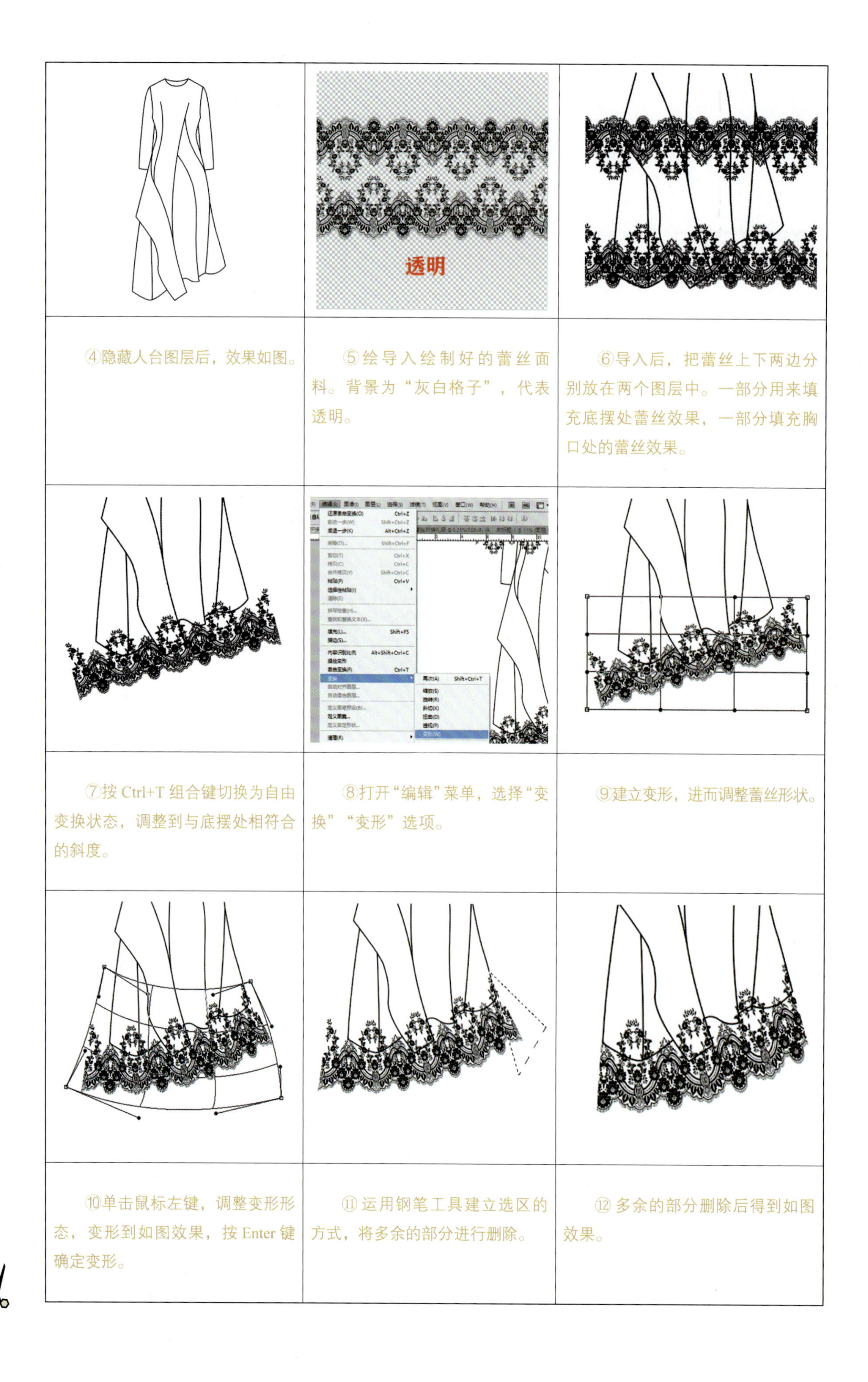

④隐藏人台图层后，效果如图。	⑤绘导入绘制好的蕾丝面料。背景为“灰白格子”，代表透明。	⑥导入后，把蕾丝上下两边分别放在两个图层中。一部分用来填充底摆处蕾丝效果，一部分填充胸口处的蕾丝效果。
⑦按 Ctrl+T 组合键切换为自由变换状态，调整到与底摆处相符合的斜度。	⑧打开“编辑”菜单，选择“变换”“变形”选项。	⑨建立变形，进而调整蕾丝形状。
⑩单击鼠标左键，调整变形形态，变形到如图效果，按 Enter 键确定变形。	⑪运用钢笔工具建立选区的方式，将多余的部分进行删除。	⑫多余的部分删除后得到如图效果。

⑬ 导入欧根纱面料，放置位置如图所示。

⑭ 多余的部分运用钢笔工具，建立选区后进行删除。

⑮ 得到如图效果。

⑯ 前胸部分的蕾丝面料放置位置如图所示。

⑰ 按照款式图的轮廓，删除多余部分。

⑱ 袖口蕾丝面料放置位置如图所示，留下需要的部分，多余部分删除。

⑲ 左、右袖口放置的蕾丝及位置须一致。

⑳ 胳膊处放置蕾丝面料位置如图所示。

㉑ 左、右胳膊处放置的蕾丝图案及位置一致。

㉒ 导入欧根纱面料，放置如图所示的位置。	㉓ 重叠双层欧根纱面料，使纱的质感更加明显，放置位置如图所示。	㉔ 按照款式图和蕾丝花边的轮廓，删除多余部分。

	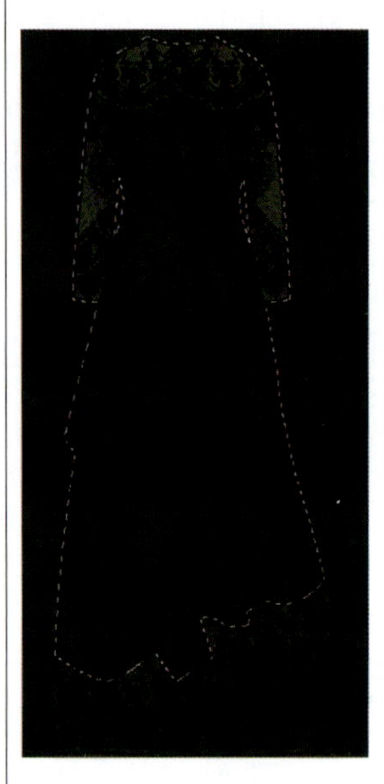		
㉕ 按照操作得到如图效果。填充好胸口、袖子、底摆位置的面料。	㉖ 填充平纹面料效果，删除多余部分。	㉗ 得到如图效果。	㉘ 调整胸口、袖子位置以及欧根纱面料的颜色、亮度。

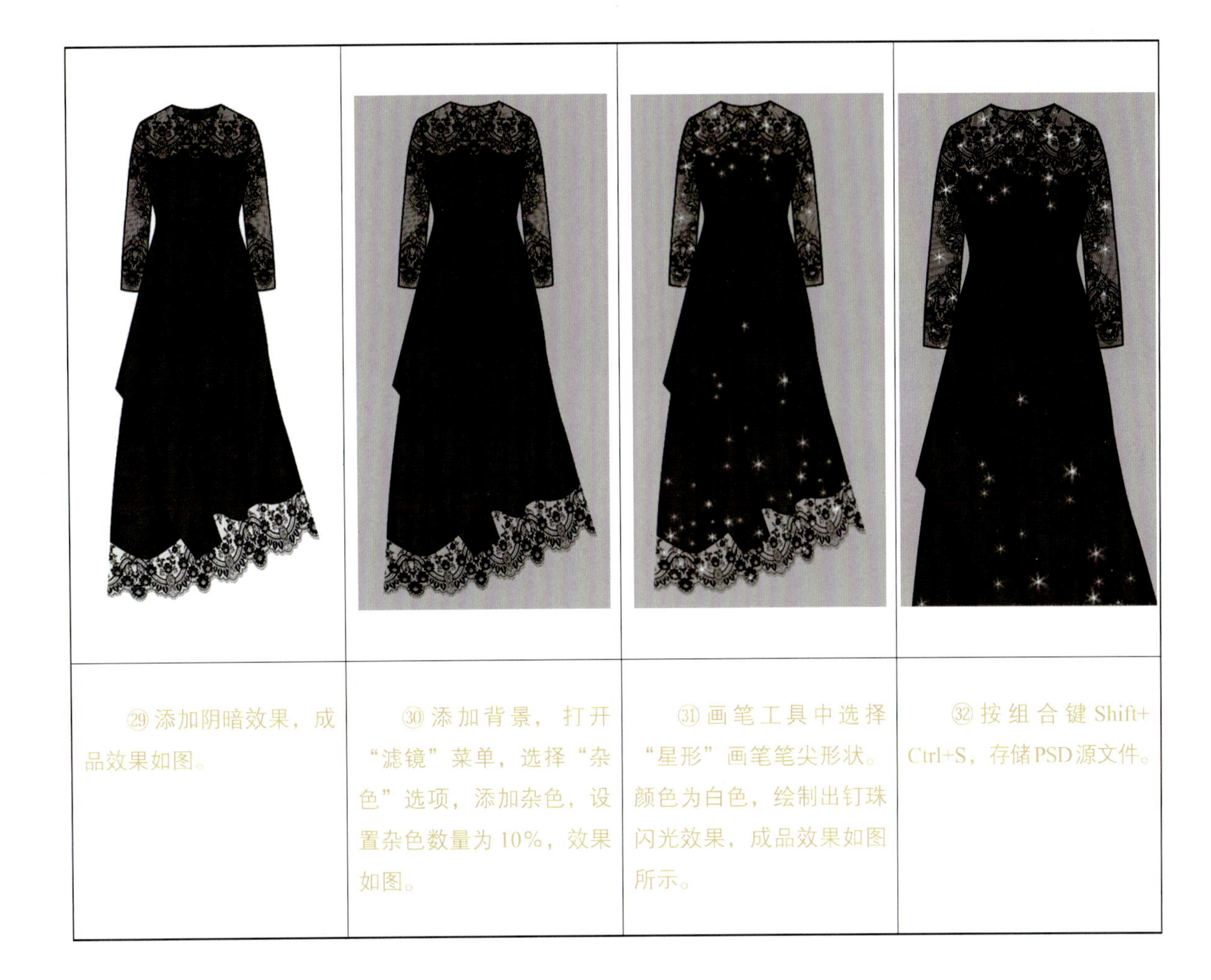

㉙添加阴暗效果，成品效果如图。	㉚添加背景，打开“滤镜”菜单，选择“杂色”选项，添加杂色，设置杂色数量为 10%，效果如图。	㉛画笔工具中选择“星形”画笔笔尖形状。颜色为白色，绘制出钉珠闪光效果，成品效果如图所示。	㉜按组合键 Shift+Ctrl+S，存储PSD源文件。

任务三　薄纱面料质感表现

一、任务要求

绘画透明薄纱面料质感的效果图 1 张，A3 大小，分辨率 300 dpi，RGB 色彩模式。

二、任务准备

（1）收集春夏流行服装，整理连衣裙、礼服服装款式资料，挑选薄纱质感款式 10 个。

（2）了解 Photoshop 软件的画笔预设菜单中的各项设置。

（3）了解 Photoshop 软件套索工具、油漆桶工具使用。

三、任务考核

（1）熟练应用 Photoshop 软件图层混合模式以及掌握并能够视情况合理调整透明度。

（2）掌握画笔预设效果，概括提炼线稿。

（3）熟练使用套索工具创建选区。

（4）能够利用图层叠加做好图层的透叠效果。

（5）能够利用画笔笔尖预设绘制亮片效果。

四、参考实例

薄纱亮片礼服服装效果图绘制

不同质地的薄纱面料具有不同的形态，例如，欧根纱、网纱有朦胧、硬挺的感觉；雪纺、乔其纱有柔软、轻薄的飘逸感，在日常服装与礼服设计中广泛应用。薄纱面料绘画中会重点刻画薄纱层叠时产生的色彩叠加效果，层数越多，颜色也越深。

该实例中将应用到 Photoshop 软件中的套索工具、油漆桶工具和画笔预设、图层样式等功能。

本实例表现的是一款薄纱礼服长裙，上半身透明薄纱上装饰了放射型不规则的亮片图案，产生了丰富的质感对比效果。

薄纱礼服长裙

1．线稿及皮肤基础色绘制

①线稿准备。使用画笔工具中的硬边圆画笔，大小设置为 3 px，绘制人体与服装。须注意线条的疏密层次和长线的运用，特别是粗细变化的流畅性，重点表现薄纱面料的飘逸轻柔。

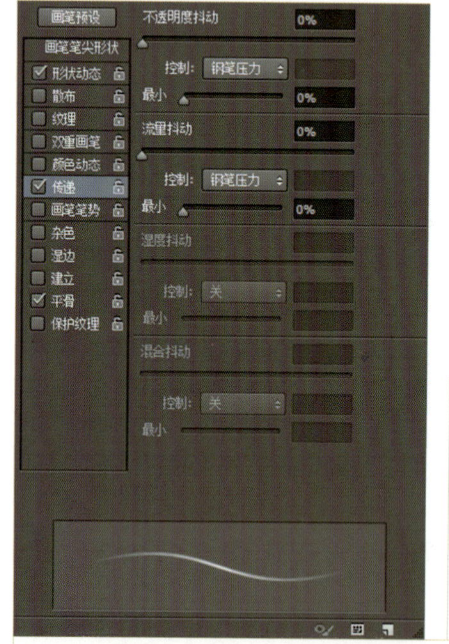

②画笔预设。勾选“形状动态、传递、平滑”三个复选框，设置画笔的大小、笔尖的形状。大小抖动调整为钢笔压力，最小直径根据笔尖形状为 0% ~ 100% 变化，数值越小，笔尾收尖效果越明显，更能模拟手绘时用笔的轻重缓急的变化。

提示：充分运用 Photoshop 软件的图层功能，线稿绘制完成后须对图层进行锁定，并将线稿图层放在最上层，防止后面上色时将线稿覆盖。

③绘制皮肤色和头发、五官。运用自由套索工具建立皮肤基础色选区，设置前景色为皮肤色，使用油漆桶工具填充选区，完成皮肤基础色填充。

再次使用自由套索工具建立头发基础色选区，设置前景色为亚麻色，选择柔边圆画笔，绘制头发基础色。

选择头发、皮肤的暗部色，按头部的椭圆形结构，绘制头发暗部色，最后勾勒发丝线及高光。注意发丝绘制的走向要与头部椭圆形结构一致，描绘的线条要有疏密变化。

脸部五官的重点是模特的眼窝、鼻子及脸颊的明暗交界线及下颌的投影，它们能够体现脸部轮廓的立体感。

提示：因为服装的上半身是透明的，所以须绘画底层皮肤色。根据人体的骨骼和肌肉结构，进行明暗关系绘画，主要是胸部乳房丰满、圆润的造型处理。

2．薄纱质感绘制

①薄纱底色。薄纱的透明质感需要分层绘制，底层色须表现出透明质感，需要再次做选区叠加色彩，注意边缘飘起部分留出第一层底色，表现纱料的透明感。

②绘制薄纱的暗部色及高光细节。设置暗部色，选择柔边圆画笔，绘制纱裙暗部的大关系，选择硬边圆画笔绘制暗部细节。最后设置亮部色、选择硬边圆画笔提亮高光。

③关掉薄纱的基础图层，可以看到暗部图层的效果。暗部绘制是根据裙子的叠加与体量感及动感形成的衣纹、衣褶走向进行绘制的。

提示：无论是硬边圆画笔还是柔边圆画笔，在绘画时要根据衣纹衣褶的形态及疏密，及时调整画笔大小、透明度及流量。我们常用快捷键进行画笔大小变化，在英文输入状态下，按左右大括号[]键可以放大缩小画笔。

3．上衣亮片图案的质感表现

①上身亮片效果绘制时，需要进行三个色彩层次的变化。首先新建亮片底色图层，设置画笔，在绘制好的皮肤色基础上，新建图层，命名为“亮片暗部色”，绘制亮片底色。

②再新建图层，用吸管工具在暗部色上吸色，打开拾色器面板，在取色点的位置向上取色，提高明度，再绘制两个不同色彩纯度、明度的亮片，形成变化丰富的肌理效果。

③最后用白色提亮高光，整理完成最终效果。提亮高光时须有重点，不能绘制过多的高光点，否则会削弱整体的对比效果。

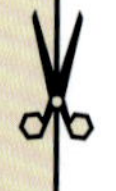

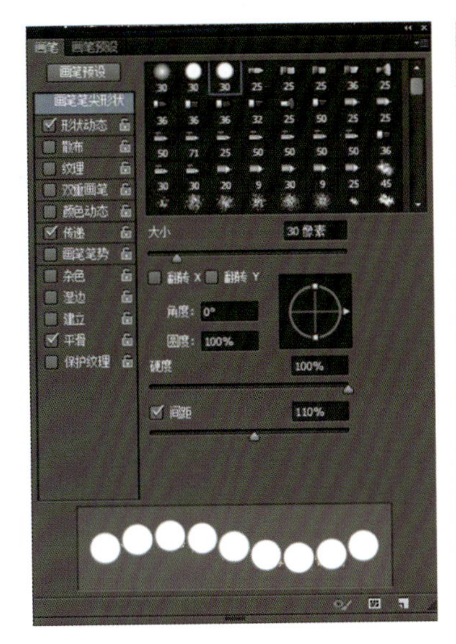

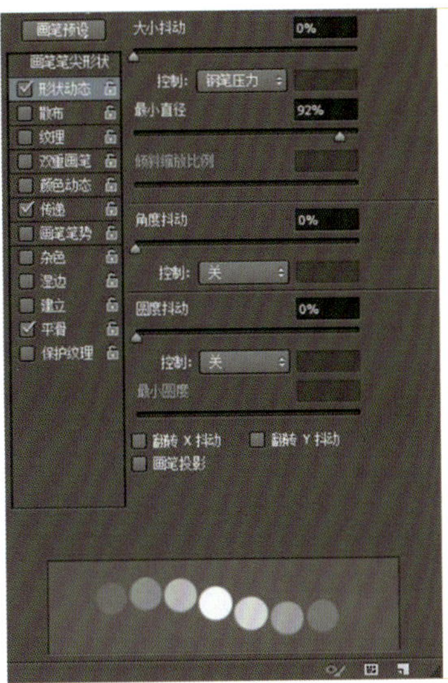

提示：绘制服装亮片效果时，利用画笔预设中对画笔笔尖形状的相关设置，调大间距到 110%，就可以获得一个个连续的圆形点效果。通过对色彩的调节，就可以轻松画出亮片的肌理效果。

在画笔预设面板“形状动态”选项中，将大小抖动设置为钢笔压力，并调整最小直径，就可以产生虚实的渐变效果。

任务四　毛呢与针织服装质感表现

一、任务要求

绘画以毛呢或针织质感的效果图 1 张，A3 大小，分辨率 300 dpi，RGB 色彩模式。

二、任务准备

（1）收集秋冬流行服装，整理秋冬服装款式资料，挑选毛呢和针织面料质感款式各 10 个。

（2）了解 Photoshop 软件滤镜菜单下的添加杂色与模糊命令。

（3）了解 Photoshop 软件编辑菜单下的变形命令。

Photoshop
自定义图案

二、任务准备

（1）熟练应用 Photoshop 软件滤镜工具制作毛呢质感。

（2）掌握格呢面料的绘制以及自定义图案功能。

（3）掌握 Photoshop 软件的变形工具在面料填充中的应用。

Photoshop 添加杂色

四、参考实例

格呢面料与针织面料服装效果图绘制

本实例表现的是秋冬精纺格呢面料制作的吊带翻脚连衣裤，外搭粗纺针织毛衣外套，腰间束真皮腰带，手中拎着简洁的大手提包，整体搭配粗犷帅气，尽显中性时尚。本实例将应用到 Photoshop 软件中的形状工具、自定义图案、图案填充、剪切蒙版及变形工具以及滤镜的部分功能。

该实例绘画过程中，将会重点讲解格呢面料图案的制作及粗纺针织料质的质感表现。

1．线稿及皮肤基础色绘制

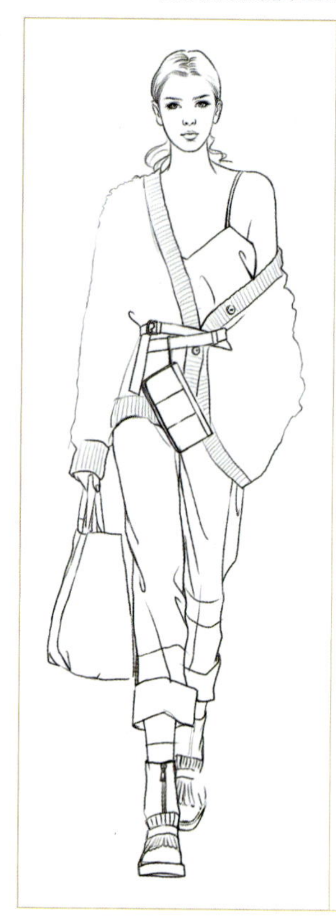

①线稿准备。使用画笔工具中的硬边圆画笔，设置大小 3 px，绘制人体与服装。绘制过程中须注意粗纺毛衣的廓形，须表现出材质的蓬松、柔软的厚度感。运用曲线颤笔绘画，表现出毛衣的外廓形的线条变化，特别是人体左手插在裤兜时前臂弯曲的线条变化；以及模特行走状态下，裤腿随着人体运动产生的有方向感的褶皱和衣纹的穿插回转等；同时，勾勒线条时还须注意用笔的轻重缓急。

2．绘制皮肤色和头发、五官

①使用自由套索工具建立皮肤基础色、头发基础色选区，设置前景色，使用油漆桶工具填充选区，完成皮肤基础色填充。选择柔边圆画笔，绘制头发基础色。

②选择头发、皮肤的暗部色，按人体的骨骼、肌肉结构，绘制皮肤与头发的暗部色。

③将基础色与暗部色图层叠加，然后用白色提亮高光，整理完成最终效果。提亮高光时要有重点，不要绘制过多的高光点。最后勾勒发丝线及高光时，注意发丝绘制走向要与头部圆形的结构一致，描绘的线条要有疏密的变化。

提示：人体的脖子处主要处理胸锁乳突肌和锁骨颈窝的明暗结构关系。胸部主要是围绕胸部乳房的挺起，绘画阴影，突出丰满圆润的感觉。

3. 毛衣质感表现

①新建“毛衣基础色”图层，运用自由套索工具，框选出毛衣基础色选区，最后运用“油漆桶”工具填充基础色。

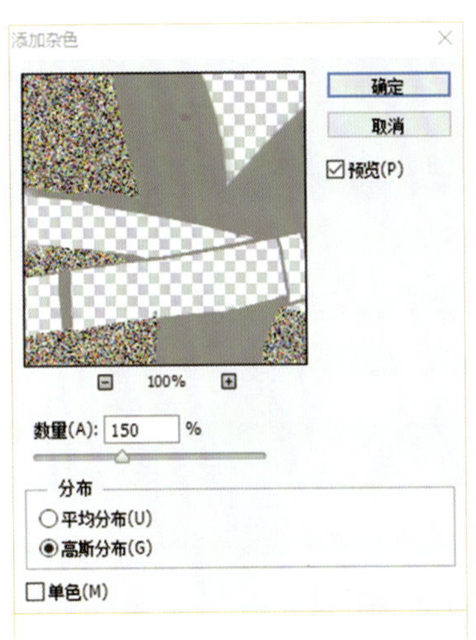

②按 Ctrl+J 键复制基础色图层。打开“滤镜”菜单，选择杂色选项，添加杂色，设置杂色数量为 150%，并选择高斯分布，最后添加毛衣肌理效果。

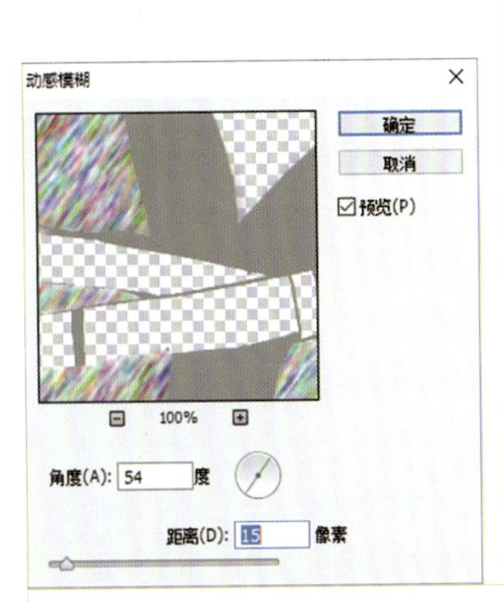

③打开“滤镜”菜单，选择“模糊”“动感模糊”选项，并设置模糊角度为 54 度，模糊距离为 15 像素。

④新建“毛衣暗部”图层，绘制毛衣暗部色。

⑤调整毛衣肌理图层的亮度、对比度。将暗部图层模式设置为正片叠底，整理完成的最终效果。

⑥绘制毛衣螺纹边时，可以使用“仿制图章工具”。具体步骤为在毛衣肌理图层上，按住 Alt 键，选择仿制源，画笔大小设置为 10 px，然后绘制螺纹边，注意距离保持均匀。

4．衣裤格呢面料绘制

①新建“右裤腿底色”图层，运用“自由套索”工具建立选区，选取裤子底色，使用“油漆桶”工具进行色彩填充。

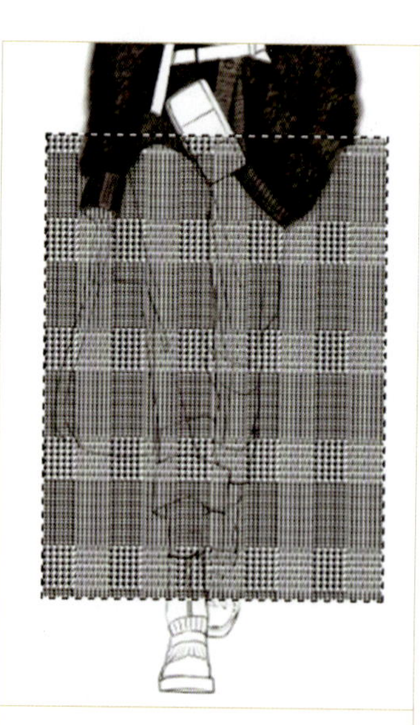

②新建“裤子面料”图层，建立矩形选区，执行“编辑”→“填充”→“图案填充”命令，选择图案，填充图案。

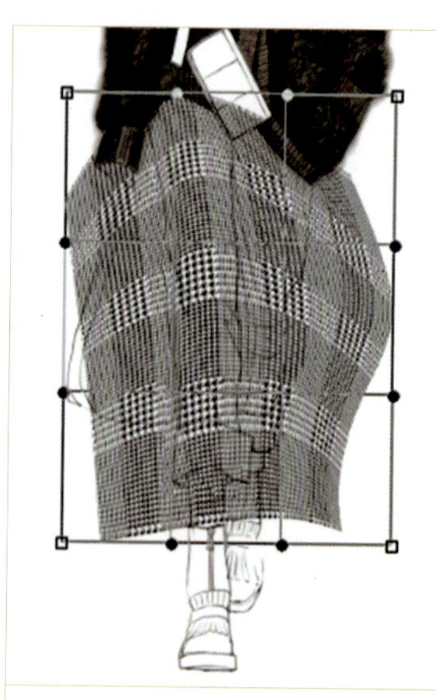

③执行“编辑”→“变换”→“变形”命令，弹出变形网格，调整网格上的节点，即可进行面料变形。

提示：在进行面料变形时，须依据人体动势，根据衣纹、衣褶方向进行变化。左、右腿一个向前一个向后，因为方向不同，所以须分别建立底色图层以及分别填充面料之后，再进行变形。

④面料变形后在图层上单击鼠标右键，执行创建剪切蒙版命令，单击“确定”按钮，面料图案就被底层右裤腿基础色图层进行了剪切，只留下基础色图层部分可以显示填充图案，之后设置图层模式为正片叠底，透出裤子基础色。

同样的操作，我们就可以完成左裤腿和胸衣部分的面料填充效果。

⑤新建“连衣裤子暗部色”图层，统一添加连衣裤的暗部色彩，并设置图层模式为正片叠底。这样，格呢面料的绘制就完成了。

5. 服饰配件腰带、包的绘制

①进行腰带、包、鞋子的基础色填充。

②腰带、包、鞋子暗部色绘制、暗部细节、图案绘画。

③给提包暗部色图层添加杂色肌理效果。

④新建“细节”图层，添加高光、明线。

任务五　蕾丝面料、印花图案面料服装质感表现

一、任务准备

绘制有蕾丝质感和印花面料质感搭配的效果图 1 张，A3 大小，分辨率 300 dpi，RGB 色彩模式。

二、任务准备

（1）收集整理面料流行趋势，整理有蕾丝搭配的服装款式资料，挑选以蕾丝面料质感为主的服装图片 10 张，注意图片的大小与清晰度。

（2）了解 Photoshop 软件编辑菜单下的自定义画笔命令、画笔预设及图层样式功能。

手绘板－以时装照片为参考绘制服装效果图

三、任务考核

（1）熟练应用 Photoshop 软件的自定义画笔命令，绘制蕾丝图案。

（2）掌握蕾丝面料镂空效果的绘画技法。

（3）掌握 Photoshop 软件面料填充及操控变形命令，并且能够处理带有格纹图案的衣纹、衣褶变化。

四、参考实例

蕾丝面料搭配的服装效果图绘制

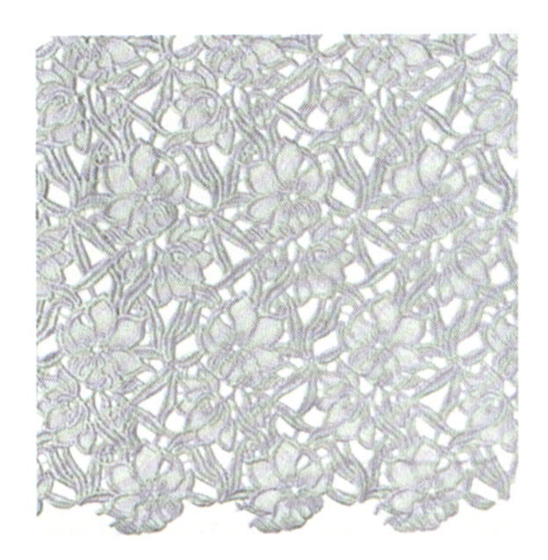

该实例主要讲解蕾丝面料与格子印花面料填充的绘制步骤及表现技法。

本实例选择的服装款式虽比较简约，但在面料质感上所有变化，其中上装是镶边的休闲西服外套，内搭带有双层蕾丝花边的抹胸背心，下身搭配格子印花面料的七分宽腿裤，脚穿休闲鞋。整体搭配设计层次丰富，随意自然，色彩清新活泼，符合年轻人的审美观念。

该实例将重点讲解 Photoshop 软件中的自定义图案、图层样式及操控变形命令。

1. 头发、皮肤、五官的绘制

①构建色彩体积，提炼色卡。服装画需要将复杂的色彩进行概括，一般选择 3 ~ 4 个色相，每个色相再分基础色、暗部色、亮部色和高光等几个层次。

②皮肤基础色填充。新建“皮肤基础色”图层，使用“自由套索工具”建立选区，运用“吸管工具”在构建好的色卡上吸取皮肤基础色，再用“油漆桶”工具完成填充。

③头部暗部色的绘制。头部暗部色绘制是有规律可循的，主要是根据人体的头部骨骼、肌肉的结构来分明暗关系，绘制暗部色。关掉基础色图层我们就可以清楚地看到暗部色彩的绘制规律。

④五官绘制。须根据整体风格选择嘴唇和眼睛的色彩，最后提亮头发高光及发丝细节。绘制过程中须注意画笔的设置，须灵活多变，巧妙地运用不同画笔的参数设置，丰富线条。

2．上衣绘制

①运用“自由套索”工具建立上衣选区，运用“油漆桶”工具填充基础色。

②关掉基础色，绘制上衣的明暗关系，运用“吸管”工具在构建好的色卡上吸取上衣暗部色彩。

③服装的白色镶边在绘制时可以直接留白。为了上衣的面料质感，可以通过执行“滤镜”→“杂色”→“添加杂色”命令来为面料添加质感。

提示：为保持色彩的色相不因添加杂色而改变，须在添加杂色设置选项里勾选单色及平均分布选项。

3. 裤子绘制

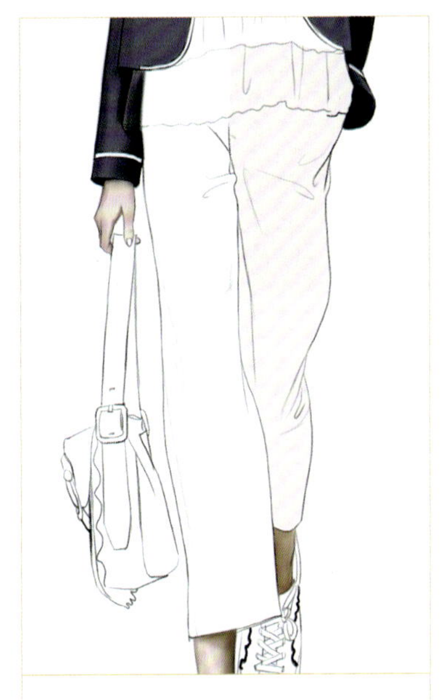

①建立左裤腿基础色选区并填充基础色。

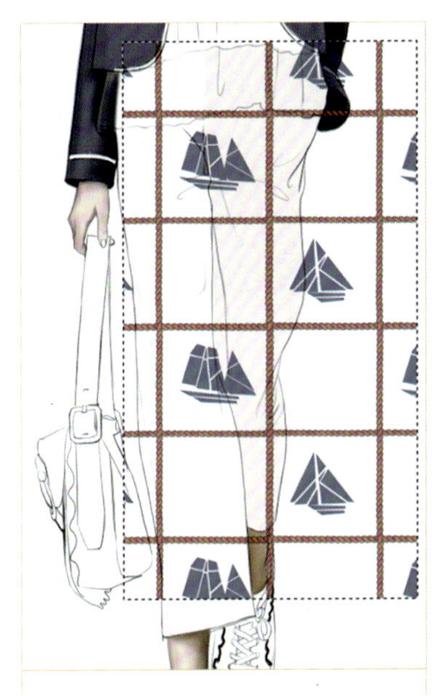

②选择"矩形"工具并建立矩形选区，填充面料图案。

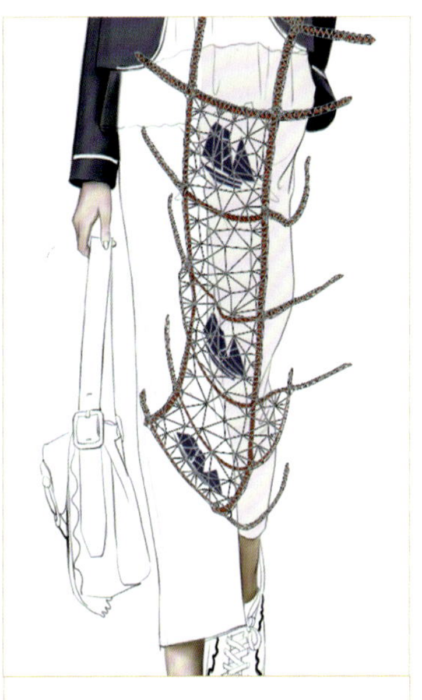

③执行"编辑"→"操控变形"命令，根据人体动势的透视关系，通过移动调节网格节点，进行面料图案变形处理。

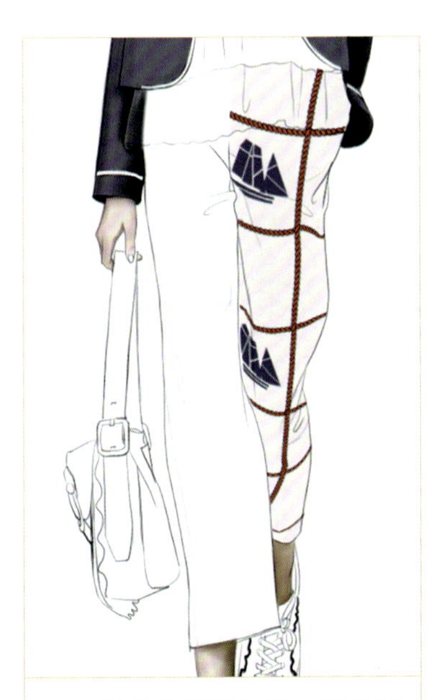

④单击鼠标右键，在弹出菜单中选择"创建剪切蒙版"，将面料填充到左裤腿的基础色内。同样的步骤，完成右侧裤腿的图案填充。

⑤关闭图案层，整体绘制裤子的明暗部关系。

⑥打开关闭图层，裤子的图案填充效果就完成了。

提示：左、右裤腿的图案，因人体在行走过程中双腿一前一后的运动，所以格子面料的图案方向有所不同，绘画时要特别注意，这样才能使绘画效果更加生动。

4．内搭蕾丝背心的绘制

①内搭蕾丝背心的明暗关系绘制。因为是白色蕾丝抹胸背心，所以只需用浅蓝灰色绘制衣纹、衣褶的明暗关系即可，其他部分直接留白。

由于背心底摆拼接了双层白色蕾丝，所以我们需要给第一层蕾丝添加一层较深的暖灰色底色，这样才能显示出上层白色蕾丝的纹样效果。

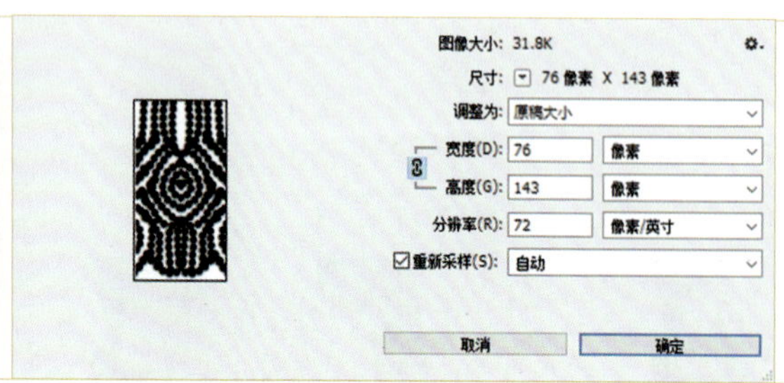

②蕾丝纹样绘制。新建文件，其他具体参数设置如图。新建透明图层，画笔选择硬边圆画笔，不透明度设置为 100%，先绘制蕾丝图案基础单元中的一半，然后按 Ctrl+C 组合键复制另一半，并执行“编辑”→“变换”→“水平翻转”命令进行翻转，然后合并图层，拼接成一个图案。之后框选图案，执行“编辑”→“定义画笔”命令。

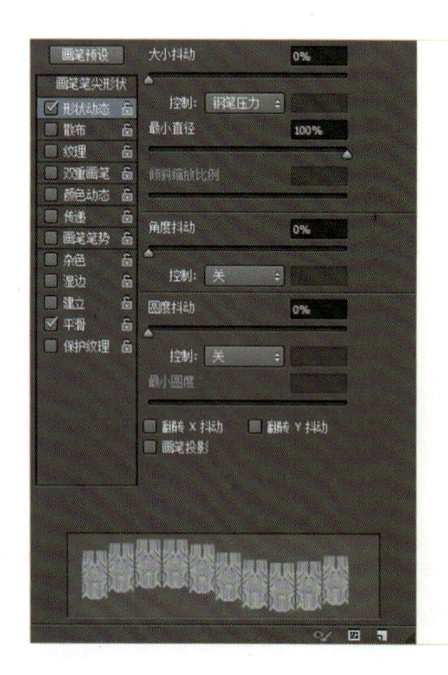

③选择新建的画笔，设置画笔参数。勾选画笔形状动态复选框，将最小直径调整到 100%，如图绘制蕾丝图案。

提示：为了增强蕾丝的厚度效果，可以多复制几层，然后合并蕾丝图层。

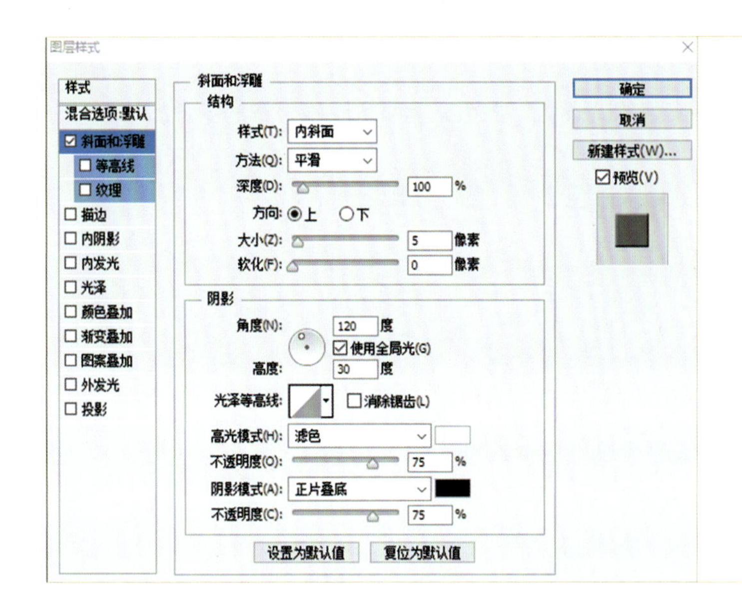

④添加图层样式。勾选“斜面与浮雕”复选框，设置结构样式、方向和大小，设置阴影角度、不透明度参数及阴影模式，具体设置参数如图所示。

⑤蕾丝面料最终完成效果如图。

提示：注意绘制内搭时阴影图层、底色图层和两层蕾丝图层之间的顺序，阴影层须放在最上面。最后须调整上下层蕾丝花边之间的层叠关系，重点强调蕾丝投影效果。

任务六　皮革服装质感表现

一、任务要求

绘制皮革质感为主的服装效果图 1 张，纸张大小设置为 A3 大小，分辨率设置为 300 dpi，RGB 色彩模式。

二、任务准备

（1）了解秋冬皮装流行趋势，整理秋冬皮装款式资料，挑选皮革面料质感为主的参考图片 10 张，注意图片的大小与清晰度。

（2）了解 Photoshop 软件的滤镜菜单下的添加杂色命令，画笔预设功能。

三、任务考核

（1）熟练应用 Photoshop 软件滤镜菜单制作皮革肌理质感。

（2）掌握皮革面料的褶纹特点及绘制要领。

（3）熟知 Photoshop 软件柔边圆画笔与硬边圆画笔的参数设置与不同效果。

四、参考实例

皮革面料服装效果图绘制

皮革制品是服装中常见的一类材料，一般经过鞣制，质地柔软、富有弹性与特别的光泽。形成的衣褶大多是环形褶，有强烈的高光效果。

本实例选择的服装是一款羊皮连衣裙，其款式简洁修身，深开的低胸设计，性感中带着干练。

模特行走的动势，使裙子在大腿根部形成堆积的衣褶，前后两腿须有透视变化。绗缝的皮鞋带来舒适感。手包采用了皮革编织工艺，富有变化，与鞋子风格相互呼应。

提示：皮革面料形成的光感与绸缎的光感有所不同，绘画时须注意表现出皮革材料的厚度与硬度。

1．线稿与皮肤、头发、五官的绘制

①新建文件，大小设置为A4，分辨率为300像素。选择画笔中的硬边圆画笔，设置大小为3像素。新建透明图层，命名为“线稿”图层。绘制效果图线稿，注意用线的虚实变化，特别是皮革服装形成的衣褶要重点描绘。绘制时须有意识地对衣褶进行取舍，避免凌乱，没有主次的问题出现。

②在“线稿”层下新建图层，命名为“皮肤基础色”图层。使用“自由套索工具”建立皮肤选区，使用柔边圆画笔绘制皮肤基础色。打开画笔设置画板，勾选形状动态复选框，设置画笔最小直径100%，选择皮肤基础色，依据人体骨骼结构，绘制基础色。充分利用柔边圆画笔的自然过渡，形成基础色的体积感。

③新建皮肤暗部色图层。关闭基础色图层，根据人体的骨骼、肌肉的结构走向，绘制人体皮肤及头发的暗部色效果。绘制过程中注意控制画笔的不透明度以及流量，不透度设置为75%，流量设置为35%。

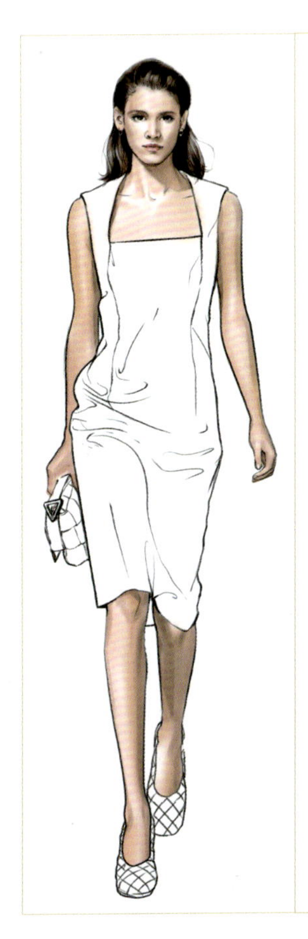

④调整头发高光及发丝细节，刻画五官，基础色与暗部色图层叠加后的完成效果所示。

绘制皮革面料时须充分利用 Photoshop 软件的图层功能，分层进行绘制，并将人体运动时产生的复杂衣纹、衣褶进行概括，就可以轻松绘制皮革的质感了。

2．绘制皮裙

①新建“皮裙基础色”图层，运用“油漆桶”工具填充皮革的基础色为深灰色。

②关掉基础色图层，按照人体结构与动势，结合服装形成的衣褶，绘制皮革的暗部色。

③基础色与暗部色叠加后效果。

④提亮裙子和手包的高光部分及暗色部分。

3．鞋子绘制

①新建“鞋子基础色”图层，运用“自由套索工具”建立选区并填充基础色。

②新建图层绘画鞋子暗部色，注意绗缝效果的表现。

③新建图层，绘制鞋子高光。

提示：绘画皮革暗部与亮部时须不断调整画笔，柔边圆画笔与硬边圆画笔相互穿插使用，画大明暗关系时适合使用柔边圆画笔，体现皮革明暗的柔和过渡，此时不透明度设置为 70%、流量设置为 30% 左右。

皮革高光部分，需要有明确的笔触效果，适合使用硬边圆画笔，不透明度与流量均设置为 100%。

任务七　牛仔面料质感表现

一、任务要求

绘制牛仔面料的效果图 1 张，A3 大小，分辨率 300dpi，RGB 色彩模式。

Photoshop 牛仔面料质感绘制

二、任务准备

（1）收集当季牛仔服装的流行趋势，整理牛仔马甲、外套、裤子等款式资料，挑选以牛仔面料为主的款式 10 个。

（2）预习 Photoshop 软件滤镜菜单下的杂色、模糊命令。

（3）预习 Photoshop 软件画笔预设中斜纹肌理制作。

Photoshop 自定义画笔－明线的画法

三、任务考核

（1）熟练应用 Photoshop 软件滤镜菜单制作牛仔质感。

（2）掌握斜纹面料的肌理效果绘制和自定义图案功能。

四、参考实例

男装牛仔面料质感表现

牛仔面料是服装设计中常用面料。牛仔面料，是一种较粗厚的色织经面斜纹棉布，始于美国西部，因放牧人员用以制作衣裤而得名。牛仔面料质地紧密、厚实、色泽鲜艳、织纹清晰，适用于制作男女式牛仔裤、牛仔上装、牛仔背心、牛仔裙等。

本实例选择的服装是一款时尚牛仔背心，颜色一改传统的靛蓝色，而采用了灰色。

本实例服装简洁、宽松的休闲款式，内搭具有光感的涂层面料衬衫，下面搭配贴袋挽脚裤、草编底休闲鞋。整体服装搭配透出自然舒适的休闲风格。

本实例将重点讲解牛仔面料的质感表现。

1．线稿与皮肤、头发五官的绘制

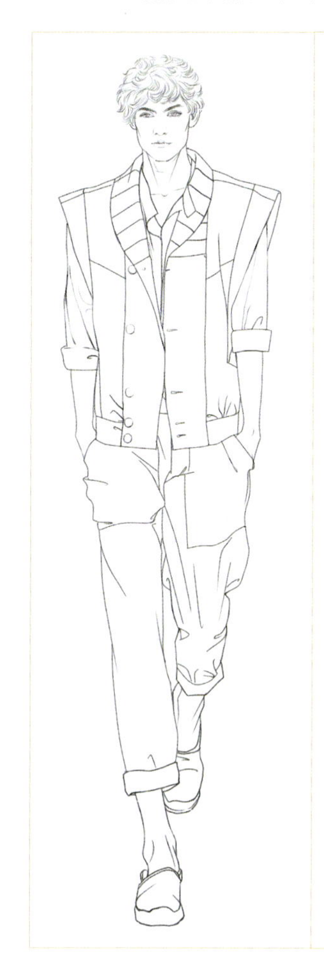

①线稿准备。男装效果图绘制时线稿处理要体现男模特帅气、硬朗的风格，所以通常多用简洁的直线来绘制。绘制男模特的蓬松卷发时，须要画出短卷发的凌乱，体现其洒脱风格。

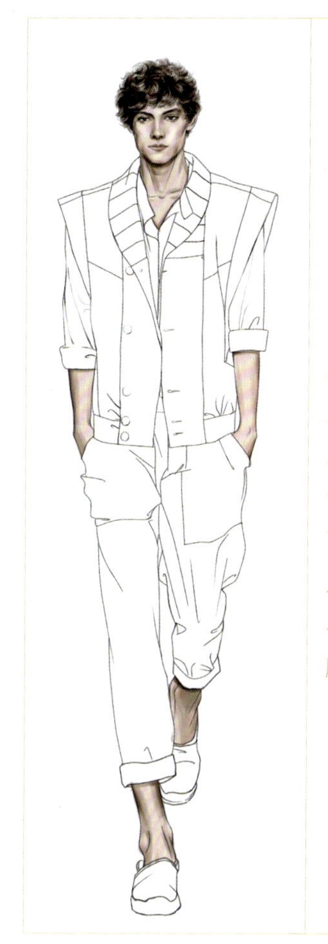

②皮肤、头发、五官绘制。男模特的骨骼肌肉发达，特别是鼻梁眉弓较高，眼神深邃，眉毛距离眼睛较近。颧骨的明暗分界线清晰，下颌角突出，喉结明显。在绘制皮肤基础色与暗部色时须比女性的肤色深。

2．上衣基础色及质感绘制

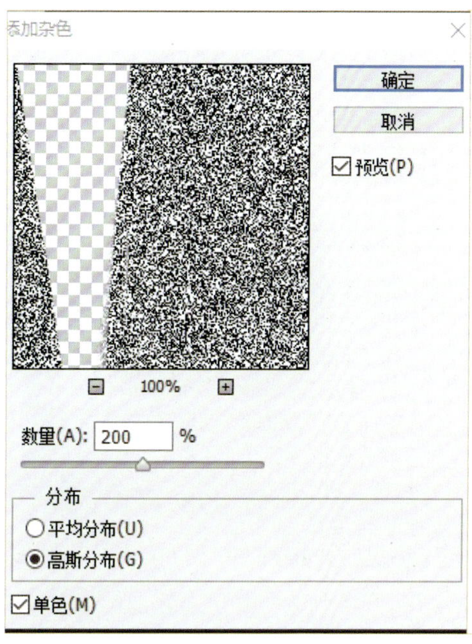

①执行“新建图层”→“创建选区”命令，填充马甲基础色，执行“滤镜”→“杂色”→“添加色彩”命令。

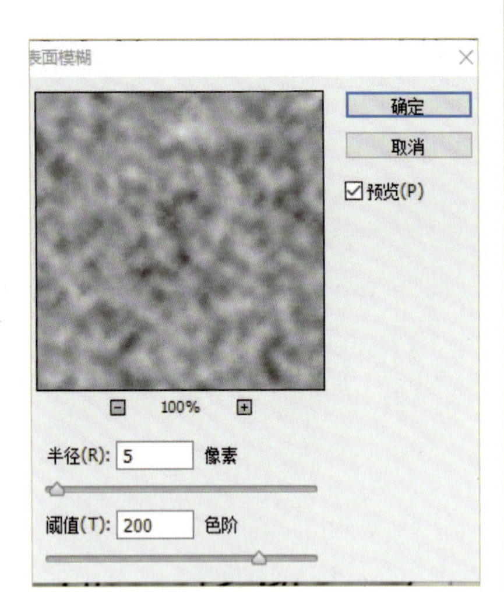

②执行“滤镜”→“模糊”→“表面模糊”命令，设置半径与阈值，改变面料的基础色质感。

③调整基础色肌理图层的亮度与对比度，使面料颜色变浅。再用白色处理亮部色，模仿出牛仔布的水洗效果。尤其是辑缝明线的部分须特别注意。另外，注意亮部色也要添加杂色肌理。

3．牛仔质感表现

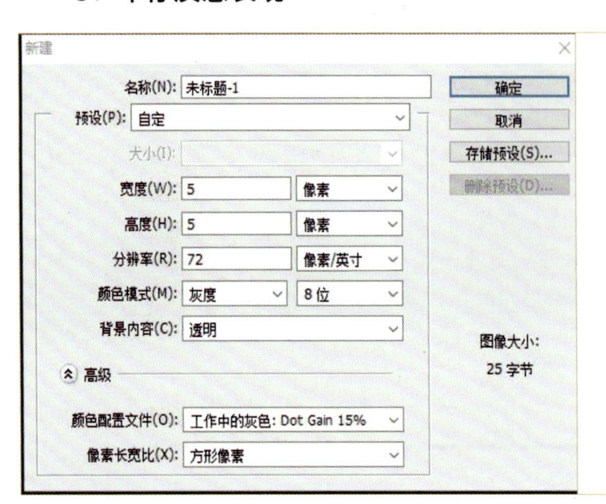

①新建文件，具体参数及相关设置如图所示。

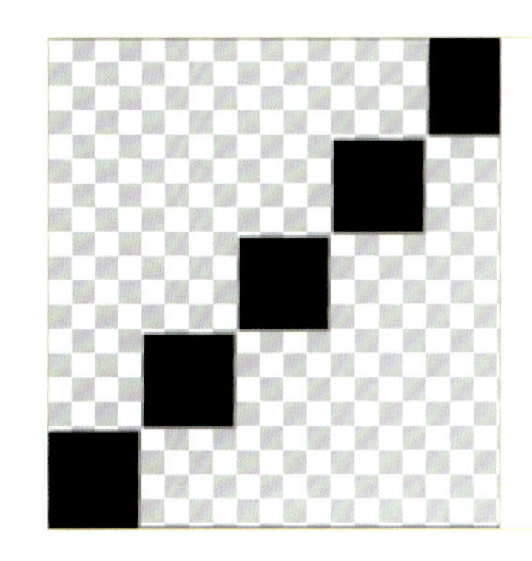

②选择黑色铅笔工具，并按住 Shift 键画斜线。

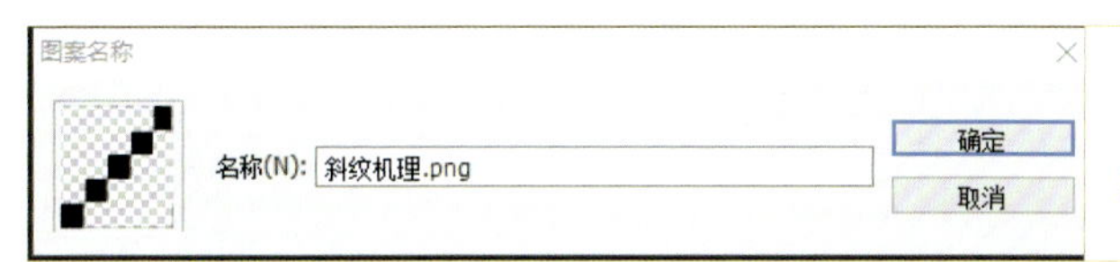

③执行“编辑”→“定义图案”命令，弹出“图案名称”对话框，给图案命令为“斜纹肌理 .png”。

④在马甲基础色图层上新建“斜纹肌理”图层。

选择“矩形工具”并创建矩形选区，随后执行“编辑”→“填充”→“图案填充”命令，选择已添加的斜纹肌理图案，单击“确定”按钮。为马甲面料填充质感。

⑤鼠标右键单击图层，创建“剪切蒙版”，斜纹肌理就填充到马甲上了。

新建“马甲暗部色”图层，为马甲整体绘制暗部色，暗部色也要添加杂色处理。

提示：牛仔质感细节处理得重点是明线产生的凹凸效果及水洗颜色深浅变化的效果。

⑥新建“衬衫”图层，绘制衬衫图层面料质感。注意处理衬衫面料对比强烈的暗部反光和高光效果。最后添加纽扣等细节，调整完成牛仔面料上衣绘制，完成效果图。

任务八　皮草服装质感表现

一、任务要求

绘制有皮草质感搭配的效果图 1 张，A3 大小，分辨率 300 dpi，RGB 色彩模式。

Photoshop 笔刷资源

二、任务准备

（1）收集整理秋冬皮草流行趋势，整理皮草的服装款式资料，挑选以皮草面料质感为主的参考图片 10 张，注意图片的大小与清晰度。

（2）了解 Photoshop 软件的画笔命令和画笔预设功能。

Photoshop 拉链的绘制方法

三、任务考核

（1）掌握皮草色彩分层的绘制，边缘线稿提炼，体积感表现，毛峰的绘画处理。

（2）熟练应用 Photoshop 软件的画笔工具和图层功能，绘制皮草质感。

四、参考实例

皮草质感服装效果图绘制

皮草种类繁多、形态多变，短毛类常见的有貂毛、貂绒，兔毛；长毛类常见的有狐狸毛皮、貉子毛、卷曲的羊毛、人造毛等。每一种的风格、外观及形态都不同，但皮草整体给人的感觉是蓬松、厚重的体积感。初学者往往在绘制皮草时容易画得杂乱无章，其实皮草的绘制也是有规律可循的，笔触的运用对体积感的表现非常重要。绘制皮草应先整体绘制出皮草的体积感与大的色彩关系，再分组、分层勾勒细节。

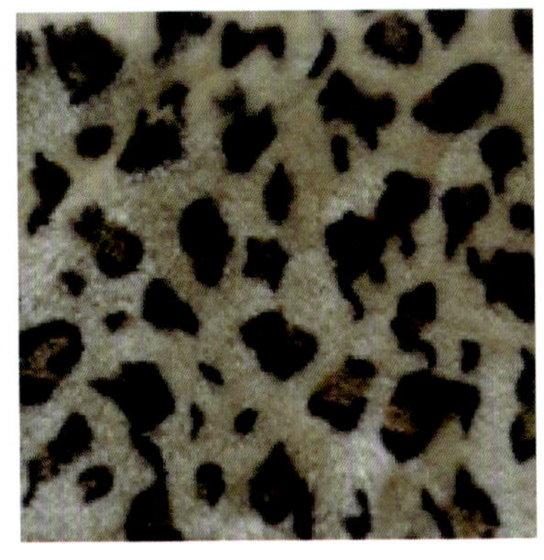
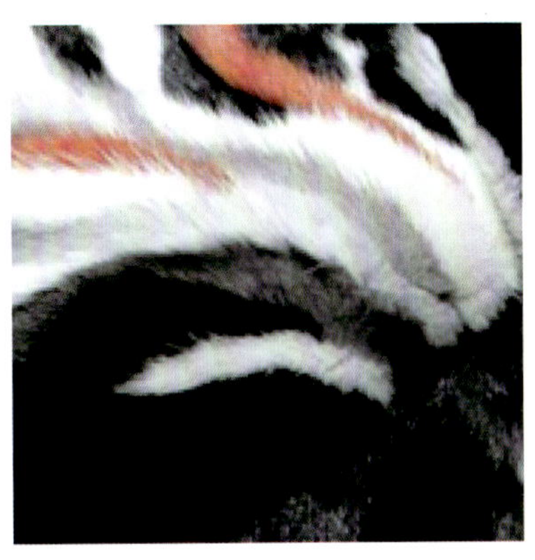

本实例中选择的是一款皮革与皮草相搭配的服装，使用的毛皮是风格粗犷的貉子毛，毛色富于变化，具有蓬松的体积感。

因为皮革的质感表现在前面章节已经具体讲解过，该实例将重点讲解皮草的绘画步骤。

1．线稿的绘制

①绘制皮草效果时，线稿的绘制特别重要，因为它既要通过线稿体现服装的款式风格，还要表现出服装的空间感和体积感。重要的是毛的边缘绘制，每一根线都要与整体的体积感相对应。线的运用既要有规律，还要有变化，要疏密结合，只有用笔轻松，线条才会自由活泼。

②绘制的基本步骤还是先完成脸部皮肤和五官的绘画，然后依据人体骨骼结构，绘制基础色。绘制过程中还须注意模特神态的描绘，要与整体服装风格一致。

2．毛皮的绘制

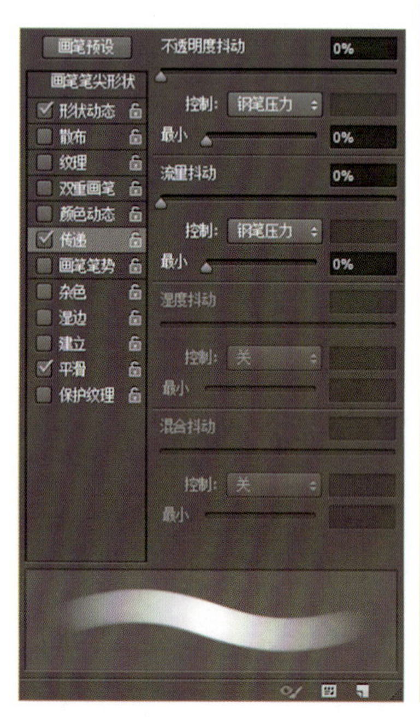

①新建头发与毛皮基础色图层。选择柔边圆画笔。选择皮毛基础色。调整画笔设置：勾选“形状动态”复选框，设置画笔大小，设置最小直径为100%；勾选“传递”复选框，将大小抖动控制设置为钢笔压力。按毛的生长方向绘画基础色及过渡色。

提示：毛毛的边缘注意留白，更好体现出毛毛柔软、蓬松的体积感。

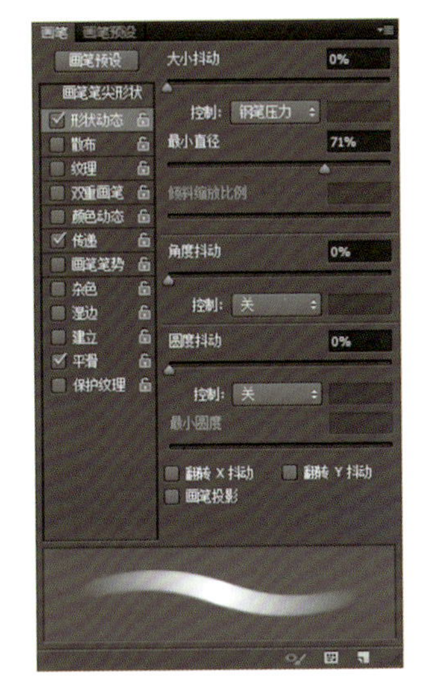

②新建头发与毛皮暗部色图层。选择柔边圆画笔，选择皮毛暗部色。调整画笔设置：勾选“形状动态”复选框，设置画笔大小为 21 像素，设置最小直径为 71%；勾选“传递”复选框，设置大小抖动控制为钢笔压力。注意及时调整画笔大小及用笔方向，时刻保持整体的蓬松感及明暗关系。为了使暗部色与基础色更加融合，过渡自然，在画笔设置上，注意调整不透明度为 70%，流量为 30%。

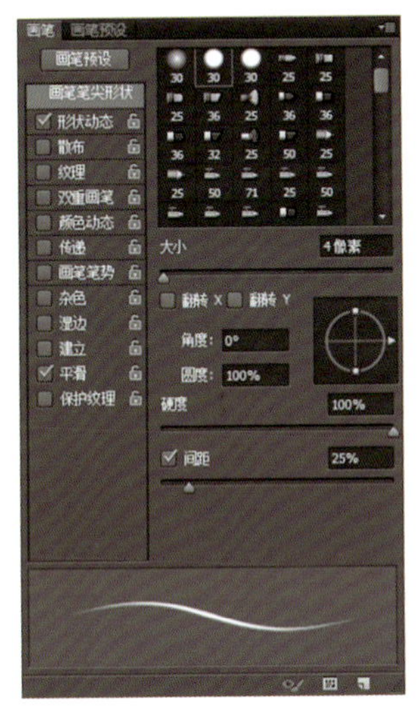

③新建毛皮发丝高光与毛峰细节图层。选择硬边圆画笔，调整画笔设置：勾选“形状动态”复选框，设置画笔大小为 30 像素，设置最小直径为 0%，取消勾选“传递”复选框。按照毛皮暗部色、基础色、高光色顺序绘制毛峰效果。

提示：毛峰要分组绘画，保持整体明暗关系。注意线的方向要随着每组毛的走向排列，笔触的方向与疏密关系不要凌乱，要时刻保持整体的明暗关系。

3. 服装的细节绘画（拉链、明线）

①新建服装底色图层，使用“自由套索”工具绘制领子、门襟、底摆等处的填充选区颜色为填充暗红色。

自定义明线画笔，绘制白色明线。选取浅蓝灰色绘制白色领子的阴影及白色短毛的暗部。

②绘制拉链以及铆钉装饰，整理完成效果图绘制。

项目四
服装款式图绘画
（Illustrator软件应用）

任务一　服装款式图绘画准备

一、任务要求

（1）了解款式图概念、分类及绘制要求。

（2）了解服装部位的结构及工艺特点。

二、任务准备

（1）查阅服装款式图相关书籍。

（2）市场调研各品类服装结构及工艺特点。

（3）网络搜集各品类服装结构及工艺特点。

（4）了解款式图的概念。服装款式图也称为服装平面图或工作图，是服装制版师制版的依据，比服装效果图更为详尽和具体。服装款式图是对设计意图更为清晰的表达，也是服装设计师必须具备的专业能力之一。

服装款式图上面不需要有人体，但是在绘制服装款式图时，为了使比例和结构更加准确，我们可以使用人体模板。服装款式图要求在画出服装廓形的基础上，还要把服装的结构及工艺细节等表达清楚，让服装制版师能够清晰地了解设计意图，所以服装款式图对服装的生产加工具有指导意义。

（5）了解服装款式图分类。服装款式主要根据使用用途与表现姿态以及效果需要进行分类。

平面款式图

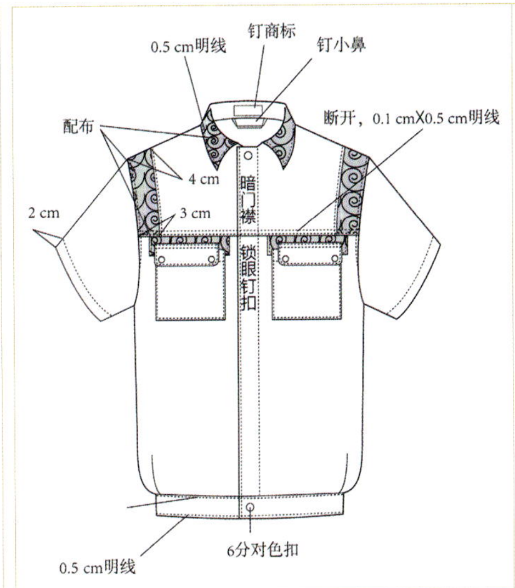

规格图

①根据使用用途分为平面款式图和规格图。平面款式图更注重款式的表达；规格图要求更为具体和精准，需要标注具体尺寸、工艺及特殊材质等，更具有功能性。

静态服装款式图

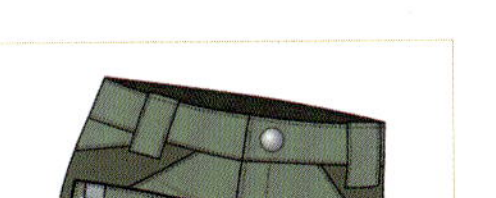

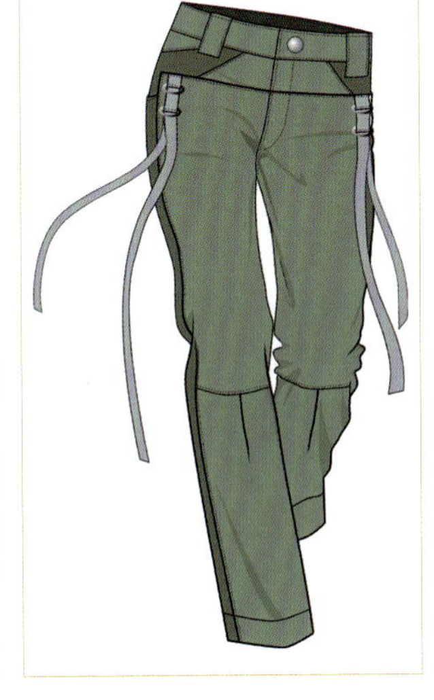

动态服装款式图

动静结合服装款式图

②根据表现姿态分为静态服装款式图、动态服装款式图和动静结合服装款式图。静态服装款式图是指没有任何动势，呈完全静止状态，所绘线条横平竖直、均匀流畅；动态服装款式图是根据人体动势呈现出一种动感，表达人体着装后的效果，根据人体动势会产生衣纹，为了更好地表达透视及虚实关系，线条可更加随意自由，该种款式图多运用于设计手稿；动静结合服装款式图是指总体在静态的状态下，某个需要表达和关注的部位呈现“动态”效果。静态服装款式图和动静结合服装款式图是实际工作中使用最多的，是制版和工艺的主要依据。

③根据效果需要可分为线条稿款式图和色彩稿款式图，通常在企业生产过程中因为有面料和工艺的补充说明所以绘制线条稿款式图即可。但是如果设计师从设计角度出发或是用于流行趋势发布，就需要填充色彩、面料和图案等，其功能相当于效果图。

（6）了解服装款式图绘制要求。

①比例准确。服装款式图分为正面款式图、背面款式图和局部款式图。比例准确一方面指服装整体比例关系准确，比如长度和宽度；另一方面指整体与局部之间比例关系准确，比如上衣与下装的比例，领子、袖子和口袋等的大小与服装整体的比例。对于比例关系把握不好的初学者，可以利用人体模板参照绘画。

②结构合理。服装款式图是由外形线和结构线组成的。结构线的分割主要是以设计意图为依据，主要包括省道、公主线、育克分割线等。只有结构合理才能准确表达设计意图。

③细节清晰。细节主要指服装款式图中对工艺设计方面的表达，比如明线、褶裥、绗缝、镶边等。款式图不可以忽略这些细节表现，除了通过绘画形式表现之外，还可以通过放大局部，或者做引线用文字来进行标注说明，让服装制版师能够准确了解设计师的意图。

④线条流畅，严谨规范。服装款式图的绘制要求线条流畅，通常设计师会用粗细均匀的线条表达，但是遇到为了表达虚实关系的褶皱等，设计师也须将线条进行粗细的变化处理，尤其是外轮廓线和内结构线，通常内结构线要比外轮廓线细一些。

三、任务考核

（1）明确了解款式图的作用和表现形式。

（2）掌握服装款式图绘制要求。

任务二　Illustrator 软件基础

服装款式图绘制主要讲述使用矢量绘图软件 Illustrator 绘制服装款式图的方法和技巧。

一、任务要求

了解 Illustrator 软件基础知识和基础工具的使用。

二、任务准备

（1）下载并安装 Illustrator 软件（建议尽可能使用稳定的高版本）。

（2）下载教学视频：AI 软件界面介绍、AI 路径与节点、AI 钢笔工具介绍。

AI 软件界面介绍

AI 路径与节点

AI 钢笔工具介绍

（3）了解矢量图与位图。

实际大小（清晰）

放大图（清晰）

①矢量图。矢量图又叫向量图，由矢量软件绘制，是用计算机指令来描述和记录由点、线、面等组成的图形，记录的是对象的几何形状、线条粗细和色彩等。因为矢量图存储空间小，并且放大或缩小都不影响图像的清晰度，所以被广泛采用。Illustrator 软件就属于矢量软件。

实际大小（清晰）

放大图（模糊）

②位图。位图又叫点阵图，由一个个小方格组成，这些小方格被称为像素点。像素点是图像中最小的图像元素，图像的大小和品质取决于图像中单元面积内像素点的多少，即分辨率，单位是“dpi”。每平方英寸中所含像素点越多，图像越清晰，即分辨率越高图像越清晰。

位图的优点在于表现力强、细腻、层次多、细节多，能够表现出与照片一样的真实效果，可以通过相机拍照、扫描仪扫描和位图软件等得到。但如果对位图进行放大等编辑时，图像会变虚，边缘出现锯齿，影响清晰度。

提示：通常打印图像的分辨率为 300 dpi 以上，但因为分辨率越高占用的空间越大，所以也要根据需要设置分辨率的大小，比如报纸的分辨率 150 dpi 即可；面料图案的分辨率也可以是 150 dpi；大多数的网络图片或是屏幕分辨率是 72 dpi。

（4）了解颜色模式。颜色模式是将色彩表现为数字形式的模型，是记录图像颜色的方式。通常分为位图模式、灰度模式、RGB 模式、CMYK 模式、HSB 模式、Lab 颜色模式、索引模式等。其中位图模式和灰度模式属于无彩系模式，即黑白和黑白灰模式。颜色模式的选择取决于图像的最终用途，如果用于网络、计算机或电视等数字化再现，一般采用 RGB 色彩模式；如果用于印刷则通常采用 CMYK 色彩模式。

①RGB 颜色模式。RGB（红、绿、蓝）为光的三原色，是一种加色混合法，即颜色越多色彩越亮，当三者混合时为白色。

②CMYK 颜色模式。CMYK（青色、洋红、黄色、黑色）是指颜色在被印刷过程中使用的色彩模式。采用的是减色混合法，理论上当青色、洋红和黄色分别以相同比例混合在一起时为黑色。但在实际应用中由于油墨有杂质等原因导致效果不是很理想，所以增加了黑色（K）。

（5）了解 Illustrator 软件的基础操作，并熟练掌握，能够灵活运用。

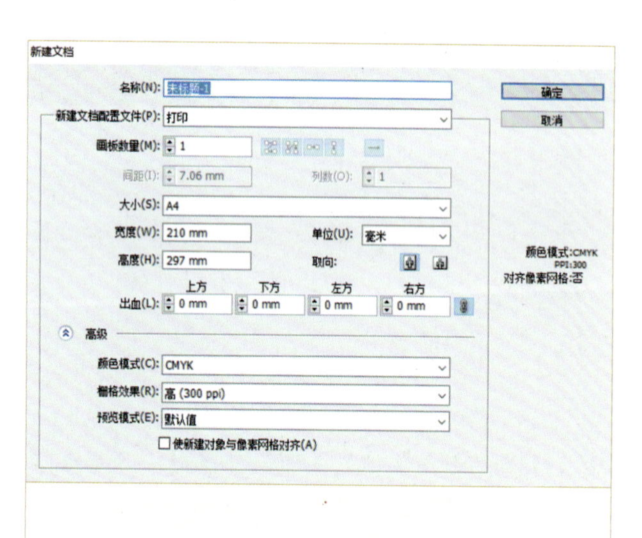

①新建文件。启动 Illustrator 软件，打开“文件”菜单，执行“新建”命令（或按 Ctrl+N 组合键进行新建），弹出“新建文档”面板，设置新建文档的“名称”“大小”“单位”“取向”及“颜色模式”，最后单击“确定”按钮，完成新建文件。

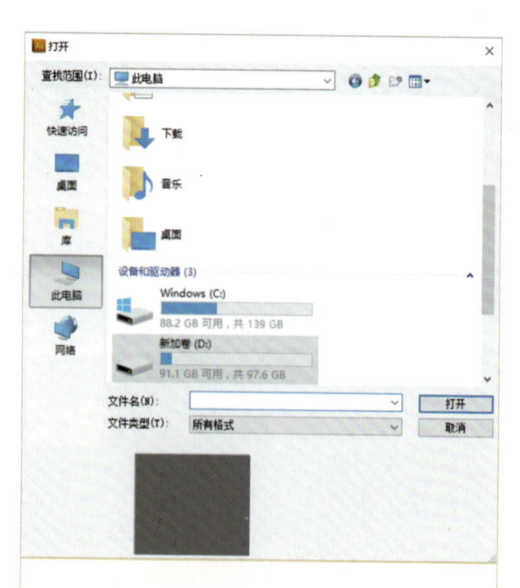

②打开文件。执行“文件”→“打开”命令（或按 Ctrl+O 组合键打开），随后弹出“打开”面板，在查找范围对话框查找文件路径，在文件浏览框中单击选择文件所在位置，在下方文件类型设置文件格式最后单击“打开”按钮，打开文件。

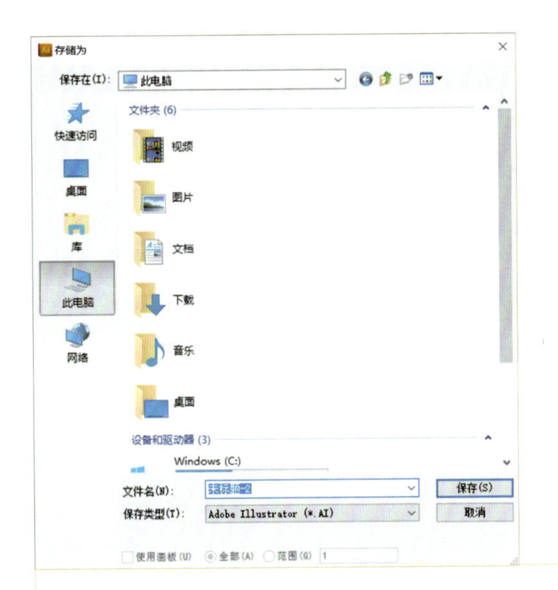

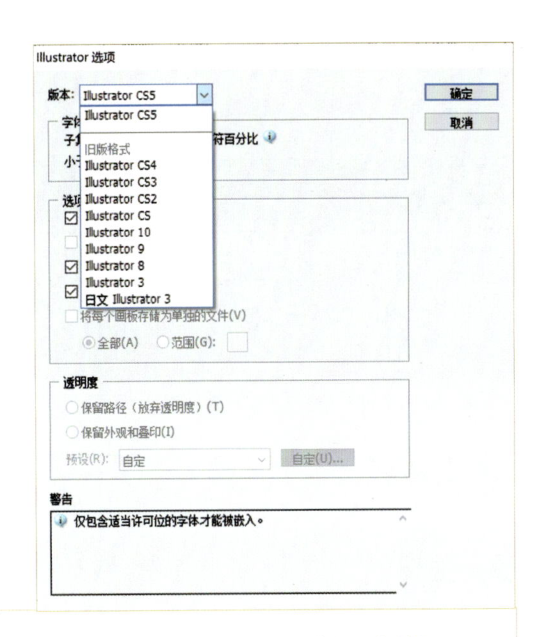

③存储文件（存储或存储为）。执行“文件”→“存储”或“存储为”命令，弹出“存储”或“存储为”面板，在“保存在”中设置文件保存路径，在“文件名”设置文件保存的名字，在“保存类型”中选择要保存的文件格式，最后单击“保存”按钮，保存文件。

提示：a. 使用“存储”命令会直接覆盖原有文件，如果想更换路径保存或保留原文件要使用“存储为”命令；b. 如果使用的 Illustrator 软件版本较高，存储的文件还希望让该软件低版本也能够打开，保存时在 Illustrator 选项面板“版本”框中要选择对应的版本号。

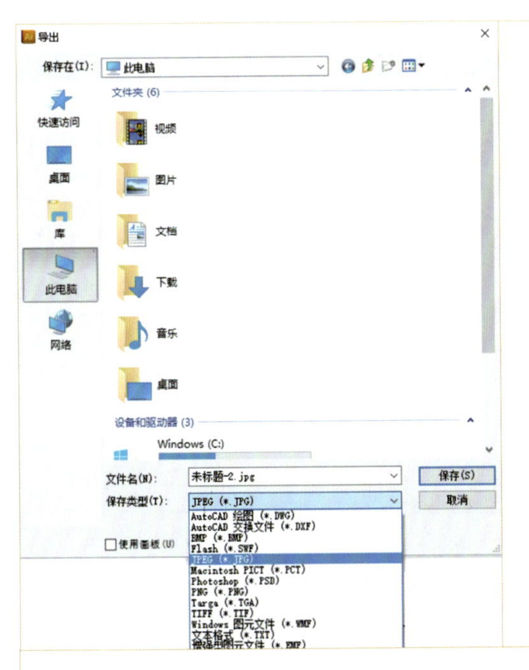

④导出文件。当文件需要保存成其他格式（需保存为 .jpg 格式）时，需要使用导出命令。

执行“文件”→“导出”命令，弹出“导出”面板，在“保存在”中选择文件保存路径，在“文件名”中设置文件保存的名字，在“保存类型”选择对应的文件格式，最后单击“保存”按钮，完成保存。

提示：AI 格式文件不能直接进行浏览，必须使用 Illustrator 软件打开。如果要在常用的看图软件中浏览，需要将文件以位图格式导出，常用的位图格式有 .jpg、.bmp、.tiff 等。如需打印导出时须在“分辨率”选项中选择“高”或者“自定义”，如果只做网络传输和屏幕显示，选择“屏幕”即可。

（6）了解 Illustrator 软件的默认工作区中的工具、名称及功能。

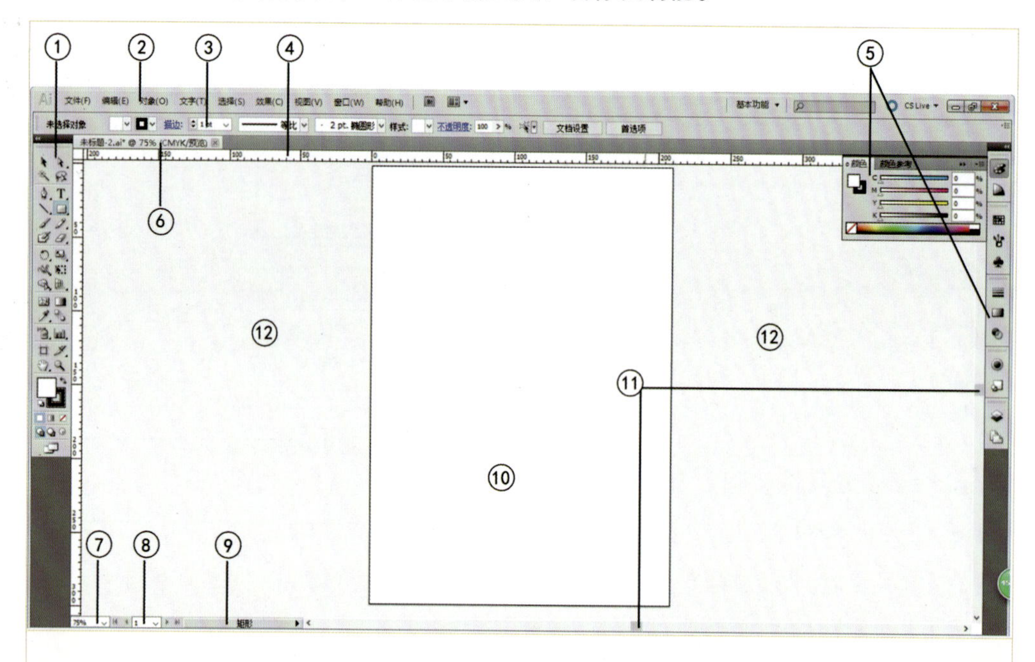

① 工具箱。包含软件的所有工具。

② 菜单栏。单击可弹出下拉菜单，包含可操作的各项命令及子命令，最右边是软件最小化、恢复 / 最大化及关闭按钮。

③ 控制。可快速设置参数。

④ 标尺。可从标尺中拖拽出参考线。

⑤ 面板。可在窗口菜单中设置显示或隐藏。

⑥ 文件标题栏。显示打开文件的名称。

⑦ 图像比例栏。可调解图像比例。

⑧ 画板导航栏。可设置相应数值。

⑨ 信息显示栏。显示当前文件的类型。

⑩ 打印页面。文件只有在打印页面内才可以输出打印。

⑪ 滚动条。可以左右拖动浏览画面。

⑫ 草稿区。可以绘制图形，但打印无效，必须放置到打印页面内才可以打印。

（7）工作环境调整与设置。

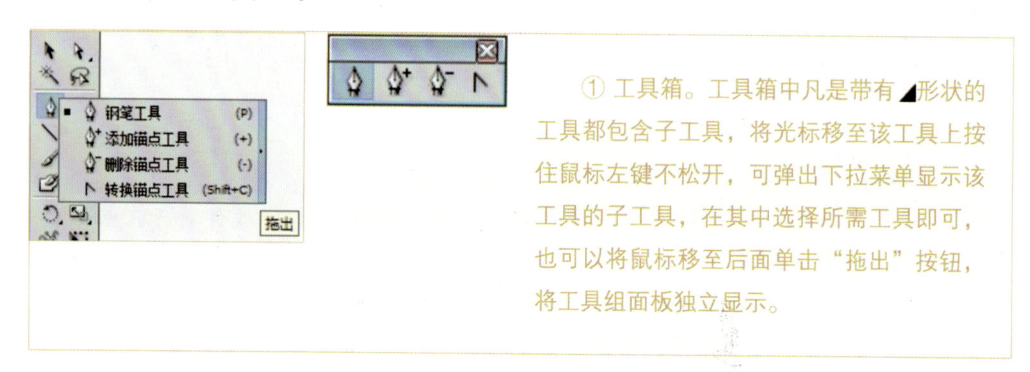

① 工具箱。工具箱中凡是带有◢形状的工具都包含子工具，将光标移至该工具上按住鼠标左键不松开，可弹出下拉菜单显示该工具的子工具，在其中选择所需工具即可，也可以将鼠标移至后面单击“拖出”按钮，将工具组面板独立显示。

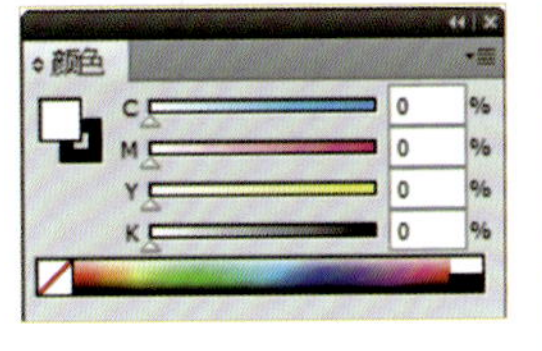

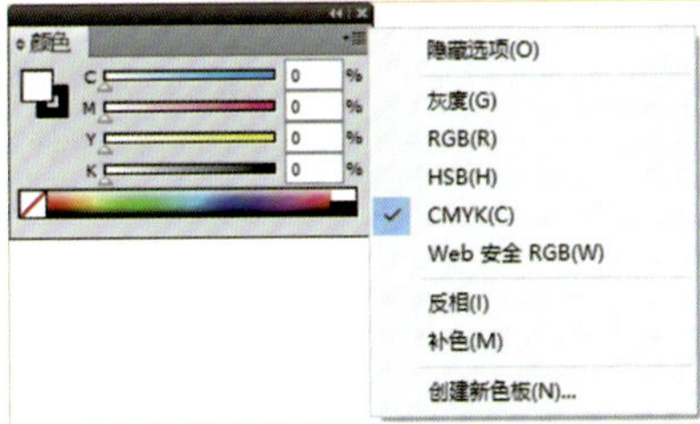

②浮动面板。所有浮动面板中的◆为上下折叠按钮，◀◀为左右折叠按钮，单击▾☰按钮可弹出下拉菜单，可对面板进行更多选项的设置。

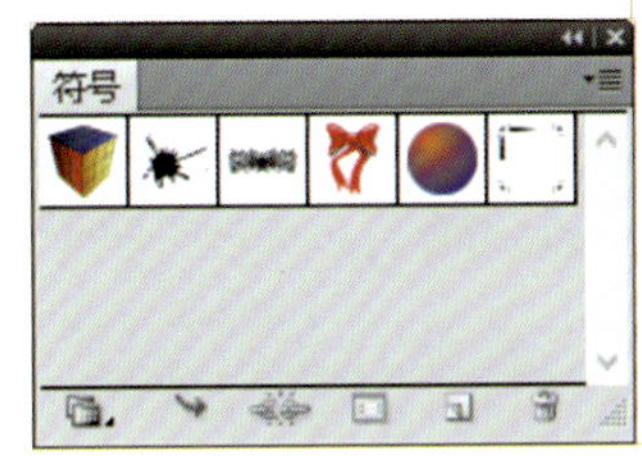

提示：默认的面板通常为组合形式，比如色板、画笔和符号，为了使用方便可以将面板拖出按照自己的作图习惯进行重新组合，也可以将不常用的面板关闭。所有面板的显示与隐藏均在窗口菜单中设置。

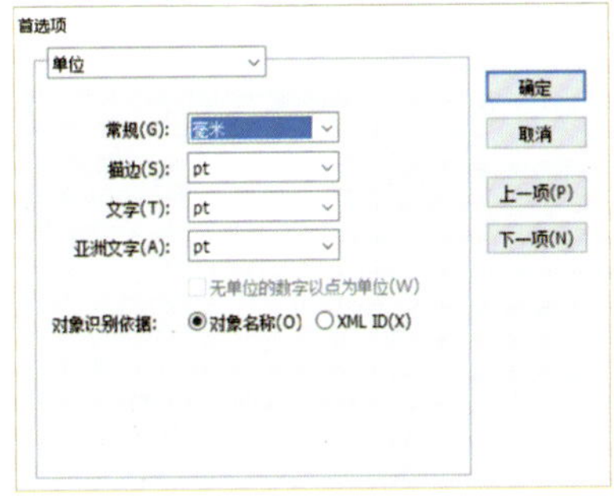

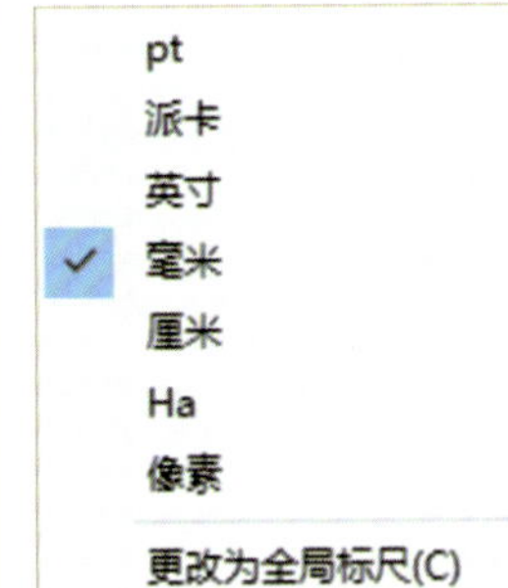

③单位设置。设置方法主要有三种。

方法一：执行“编辑”→“首选项”→“常规”命令进行单位设置。

方法二：执行“编辑”→首选项→命令进行单位设置。

方法三：在标尺上单击鼠标右键进行单位设置。

④画板设置。设置方法共有三种。

方法一：单击工具箱中▣工具，设置画板宽度和高度，或在预设栏内设置需要的尺寸。

方法二：上方工具栏预设选择“自定义”，即可设置面板参数。

方法三：执行“文件”→“文档设置”命令，设置画板。

（8）学习路径创建与编辑（路径与节点）。路径是任意两个锚点之间的连线，是矢量图形。

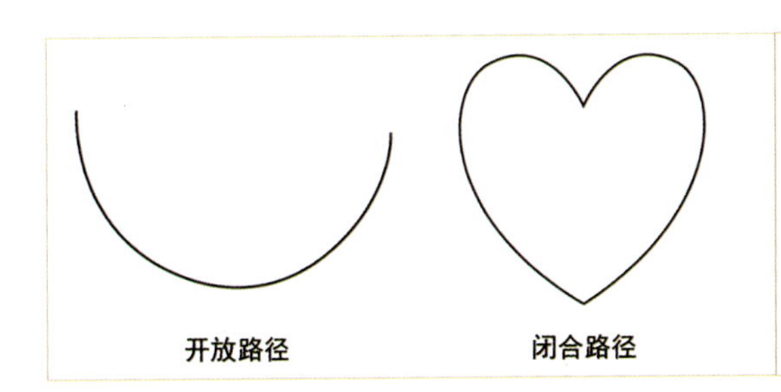

①Illustrator 软件中图形由路径和锚点组成，路径分为开放路径和闭合路径两种，开放路径起点与终点不重合，闭合路径起点与终点重合并形成闭合区域。

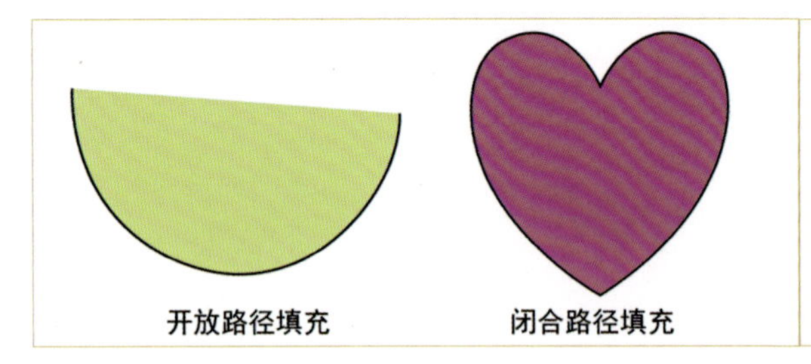

② 开放路径填充色彩时，起点与终点默认为一条直线进行填充；闭合路径则是整体闭合区域填充。

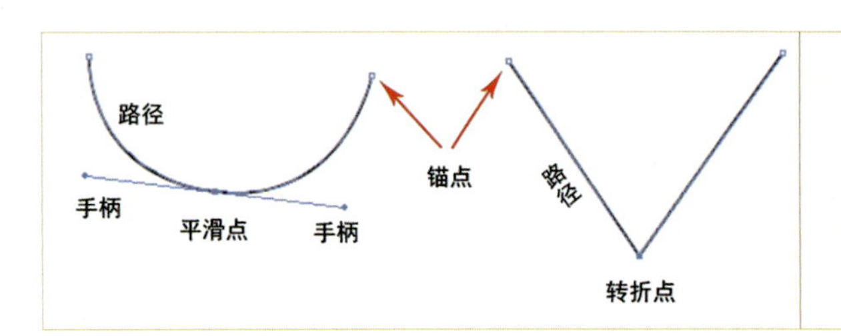

③锚点分为平滑点和转折点两种。平滑点带有手柄，用来绘制曲线，手柄的长短决定曲线的曲度，手柄的方向决定曲线的走向。

（9）学习路径创建与编辑（钢笔工具组）。路径绘制主要是使用钢笔工具，钢笔工具是设计师服装款式图绘制过程中使用的主要工具之一。

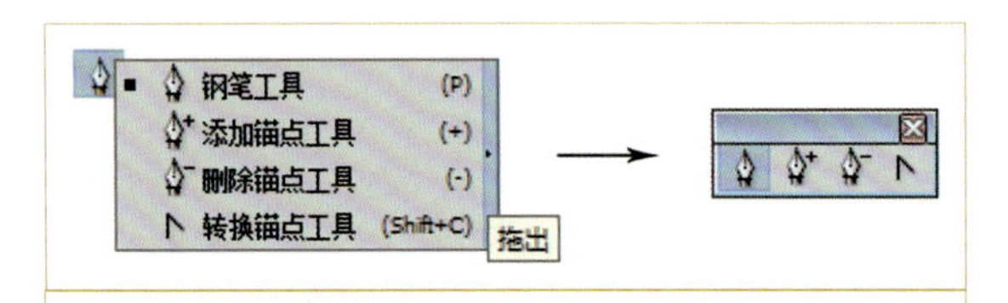

① 钢笔工具面板。单击钢笔工具并按住鼠标左键，弹出钢笔选项的下拉菜单，单击后面的“拖出”按钮，可以将钢笔工具面板拖出独立显示工具栏。

另外，钢笔工具的快捷键为 P 键。

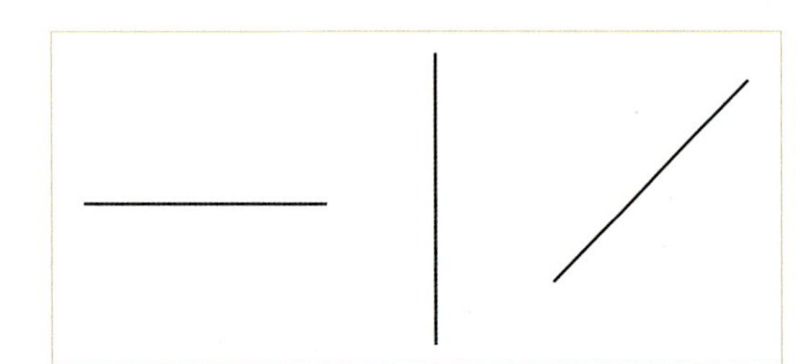

② 起点状态。右下角带有叉号的钢笔工具为起点状态。单击钢笔工具后，鼠标右下角带有叉号，在任意空白处单击将绘制起始点，如果不拖拽光标将绘制直线，如果拖拽光标将出现手柄可绘制曲线。

提示：绘制直线时，按下 Shift 键可以绘制水平线、垂直线和45度方向的线。

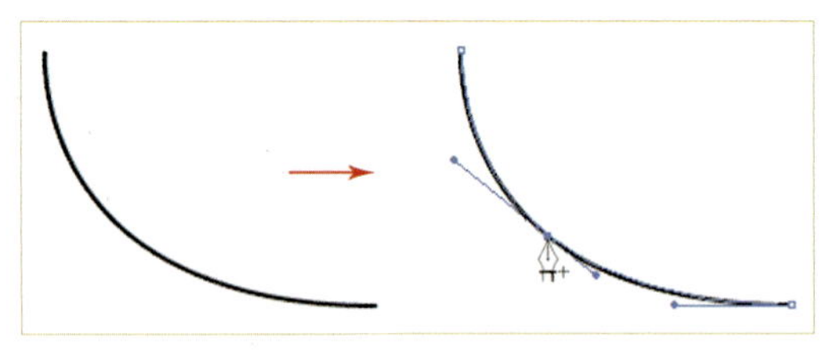

在已有路径上添加锚点

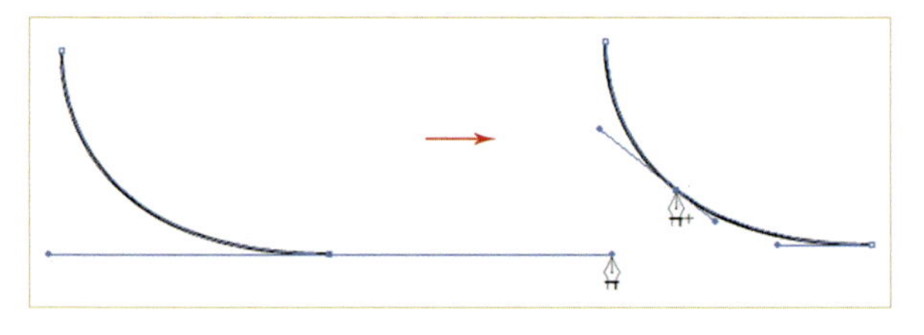

在正在绘制的路径上添加锚点

③ 添加锚点。在取消编辑状态的路径上添加锚点的方法为：在工具箱中选择添加锚点工具，在路径上单击添加锚点；在处于正在绘制状态的路径上添加锚点，可将钢笔状态的光标直接放在路径上，钢笔工具即自动切换为添加锚点工具，单击添加即可，添加完成后光标会自动切换回钢笔状态。

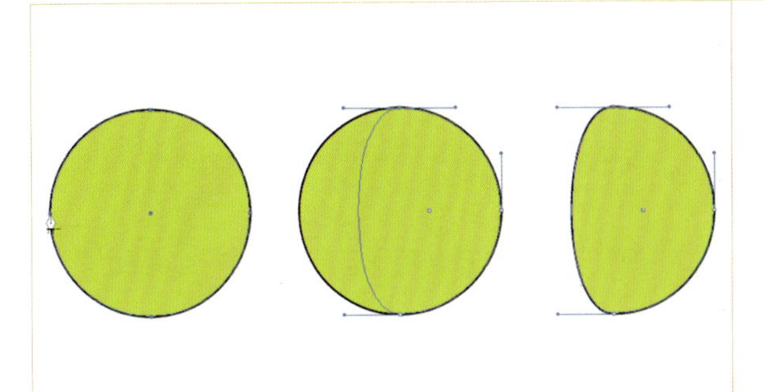

④ 删除锚点。想要删除已有路径上的锚点，可以在工具箱中选择删除锚点工具，把光标放在想要删除的锚点上单击即可；如果想在正处于绘制状态的路径上删除锚点，可以将光标直接放在想要删除的锚点上，光标即自动转换为删除锚点工具，单击鼠标左键即可，删除完成后光标自动切换回绘制路径状态。

⑤ 转换锚点。转换锚点有两个功能：一是将平滑点与转折点相互转换，二是改变曲线方向。

a. 转换锚点。将转换锚点工具放在平滑点上单击可以去掉手柄，将平滑点变成转折点；将转换锚点工具放在转折点上单击不松开，拖拽可以拉出手柄，将转折点变成平滑点。

b. 改变曲线方向。将转换锚点工具放在手柄的端点可以改变手柄的方向从而改变曲线的方向。

提示：在路径绘制过程中，按 Alt 键可将钢笔工具切换成转换锚点工具，随时改变手柄的方向或是删除手柄。

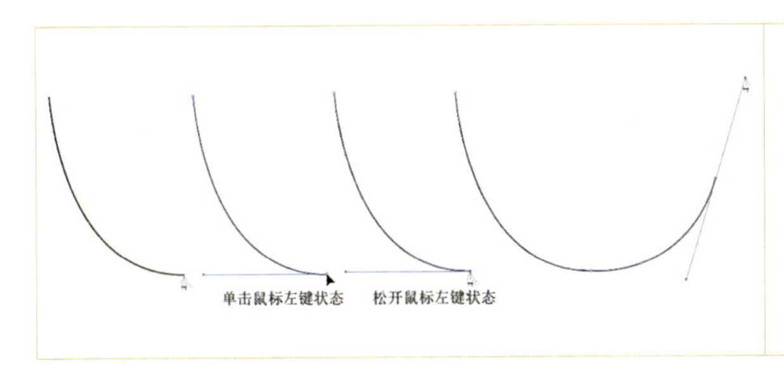

⑥ 激活路径。钢笔工具中右下角带有斜线的钢笔工具可以激活已有的开放路径并继续进行绘制。方法如下所述。将光标放置在开放路径的端点上，光标变成状态时，单击，此时该路径被激活，该锚点变为实点后可继续绘制路径，但是原有锚点如果有两个手柄，右边的手柄将被删除。

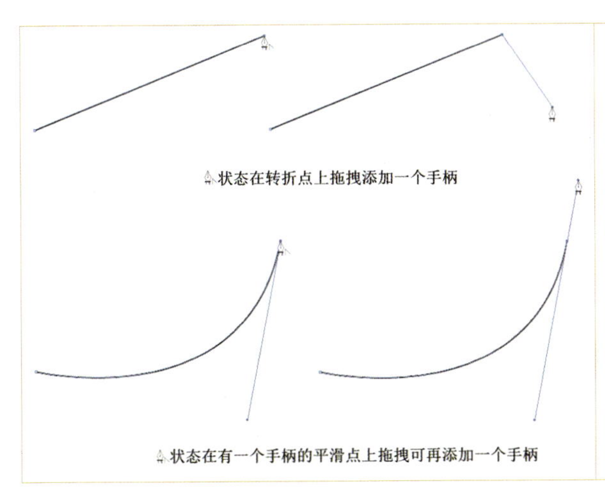

⑦ 添加或删除手柄。钢笔工具中右下角带有箭头的钢笔工具可以添加手柄或删除锚点右边的手柄，绘制路径的过程中，当钢笔工具放置在锚点上时会自动转换成此状态。

a. 添加手柄。添加手柄时有两种情况：当鼠标在没有手柄的转折点上呈状态时，单击并拖拽光标可添加一个手柄；当鼠标在有一个手柄的平滑点上呈状态时，拖拽鼠标可再添加一个手柄。

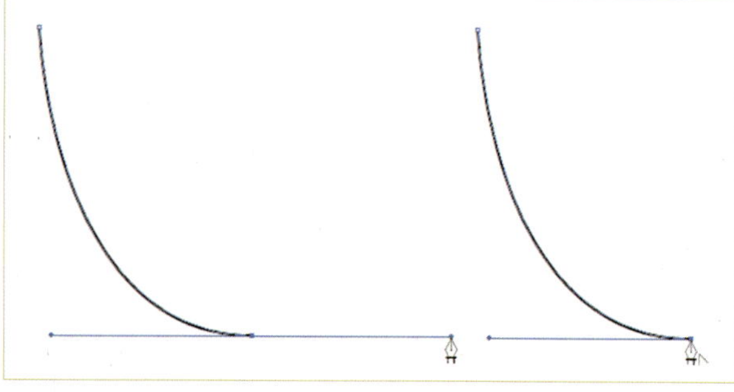

b. 删除手柄。在绘制路径过程中拖拽出手柄后，将光标放在该锚点上，当光标变成状态时单击，锚点右边的手柄即被删除。

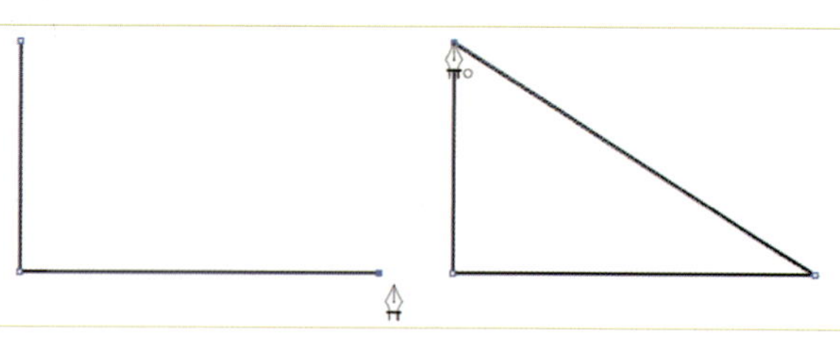

⑧封闭路径。钢笔工具中右下角带有圆圈的钢笔状态为封闭路径。当鼠标放置起始点时钢笔工具右下角带有圆圈，此时意味着终点与起点重合，单击将封闭路径，路径绘制完成。

提示：钢笔工具使用过程中，按 Alt 键可以将钢笔工具切换成转换锚点工具，改变手柄方向；按 Ctrl 键，可将钢笔工具切换成选择工具或直接选择工具（使用钢笔工具之前，如果先单击选择工具再单击钢笔工具，使用过程中按下 Ctrl 键，钢笔工具将切换成选择工具；如果使用钢笔工具之前，先单击直接选择工具再单击钢笔工具，使用过程中按下 Ctrl 键，钢笔工具将切换成直接选择工具。可以根据自己需要进行选择）；按下 CapsLock 键，钢笔工具可在和十之间切换，可以根据自己使用习惯进行选择；绘制路径过程中，将光标放置在锚点上呈现状态时，可删除或添加右边的手柄。

三、任务考核

（1）熟悉 Illustrator 软件工作界面。
（2）掌握 Illustrator 软件的基础操作。
（3）熟练使用钢笔工具组、选择和直接选择工具对路径进行创建和编辑。

任务三　衬衫款式图绘制

人体模板

色彩填充

渐变填充（扣子制作）

衬衫参考款式图

一、任务要求

绘制衬衫款式图，画布大小设置为 A4，CMYK 色彩模式。

二、任务准备

（1）收集男女衬衫款式资料，了解衬衫流行趋势，了解衬衫结构和工艺特点。
（2）了解色彩填充方法。
（3）了解渐变填充（扣子制作）方法。
（4）下载人体模板。

三、任务考核

（1）掌握钢笔工具的使用方法和技巧。
（2）能够建立并编辑实时上色组。
（3）能够绘制扣子。
（4）能够利用剪切蒙版功能添加图案。

四、参考实例

女衬衫款式图绘制

本实例主要通过女衬衫款式图的绘制，让学生掌握衬衫的比例关系和结构特点。重点学习款式图的色彩填充、扣子绘制以及能够利用剪切蒙版功能对服装款式图进行图案添加。

（1）新建文件。

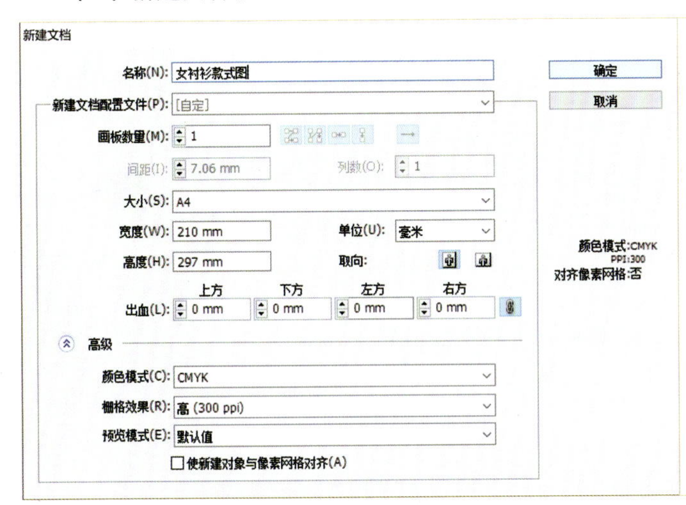

执行“文件”→“新建”命令，在弹出的“新建文档”面板中设置文件名称为“女衬衫款式图”，大小为 A4，取向为 ，颜色模式为 CMYK，栅格效果为高（300 ppi），最后单击“确定”按钮完成新建文件。

（2）导入人体模板。

① 执行“文件”→“置入”命令，置入“女人体模板”。

提示：在“置入”面板中不要选择“链接”选项，链接选项对应的是链接路径，如果链接路径改变，下一次打开文件时链接的对象将不会显示。

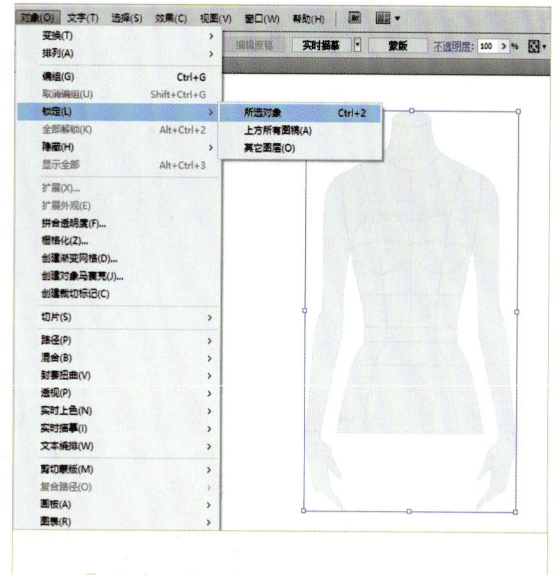

② 锁定人体模板。锁定人体模版的方法有两种。

方法一：运用选择工具选中人体模板，然后执行“对象”→“锁定”→“所选对象”命令，锁定人体模板。

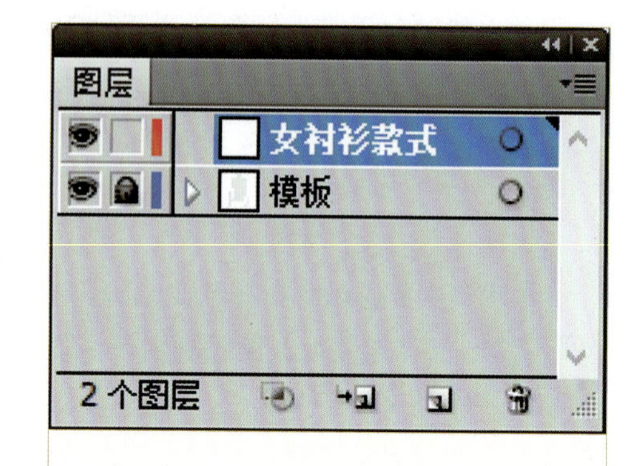

方法二：在图层面板中，双击人体模板所在图层，弹出图层选项面板，将图层名字改为“模板”，然后锁定该图层，再新建一个图层，将图层名字改为女衬衫款式即可。

（3）线稿绘制。线稿绘制包括领子绘制、衣身绘制、袖子绘制等。

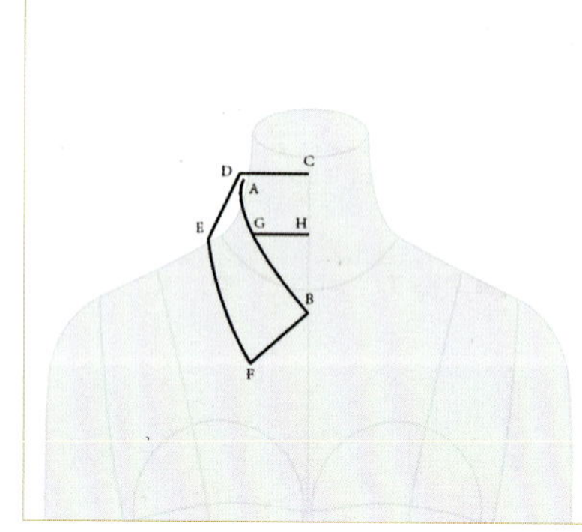

① 领子绘制。设置“填色”为无，“描边”为黑色，使用钢笔工具从 A 点→B 点绘制翻领线，再按照 C 点→D 点→E 点→F 点→B 点的顺序绘制外领口线。然后绘制后领口线 GH。其中 C 点、H 点和 B 点须在人体模板的前中心线上。因为领子、衣身、袖子是对称的，所以可以先绘制一半，再镜像复制出另一半。

提示：按下键盘上的 Shift 键，可绘制水平线、垂直线和 45 度方向线。

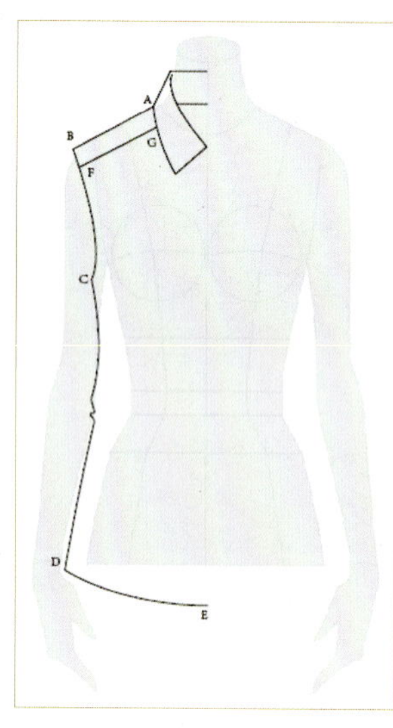

② 衣身绘制。使用钢笔工具按照 A 点→B 点→C 点→D 点→E 点的顺序绘制肩线、袖笼线、侧缝线和底摆线。再绘制过肩线 Fq。其中 E 点要在人体模板的前中心线上。

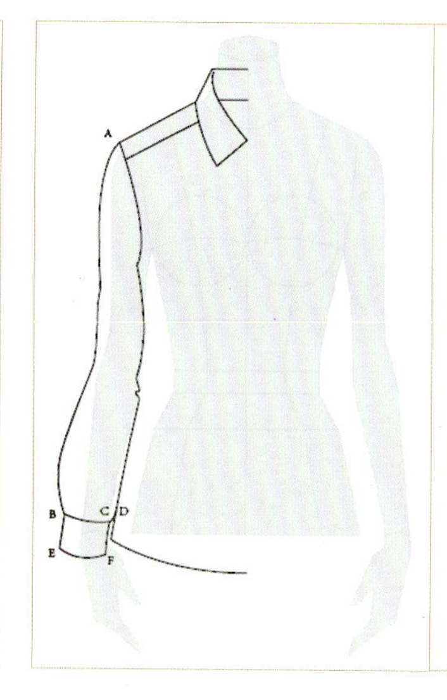

③ 袖子绘制。使用钢笔工具按照 A 点→B 点→C 点→D 点的顺序绘制袖子轮廓线，再绘制袖口线 BEFC。

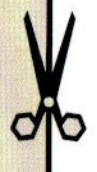

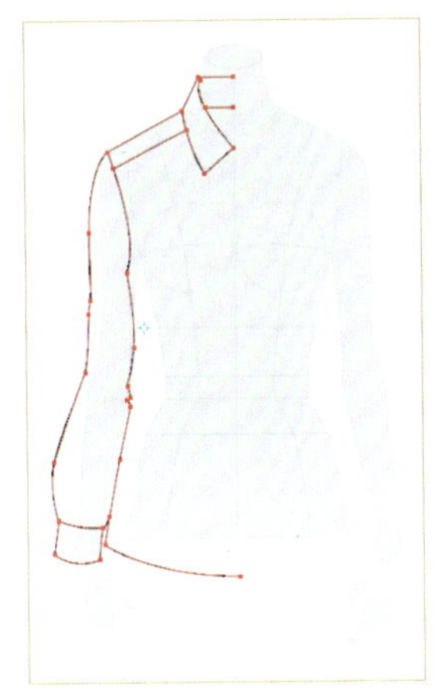

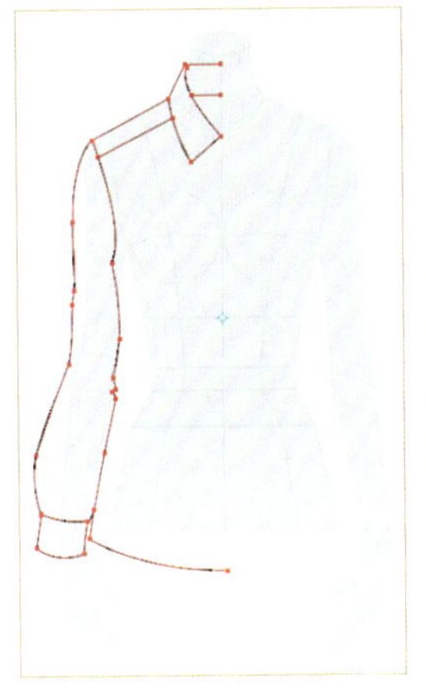

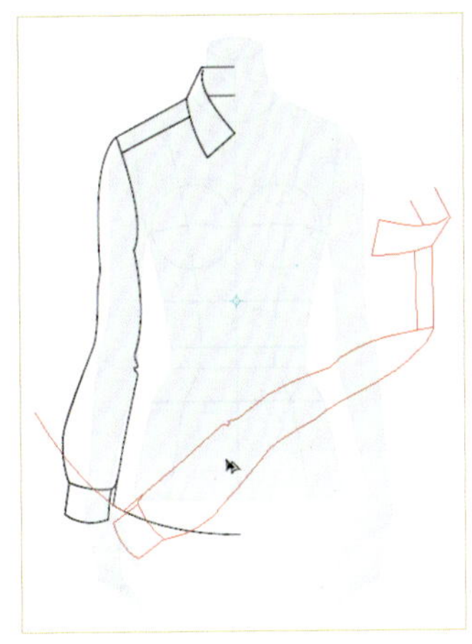

④ 镜像复制领子、衣身、袖子。复制方法共有两种。

方法一：用选择工具选择要镜像复制的对象（领子、衣身和袖子），再单击工具箱中的镜像工具，选择人体模板前中心线上任意一点，单击，将默认该点对称中心点移至人体模板前中心线上，然后将鼠标放在要镜像复制线上的任意一点，按住鼠标左键拖拽的同时按 Alt 键和 Shift 键进行移动复制。

提示：Alt 键的功能是复制，Shift 键的功能是水平对称。

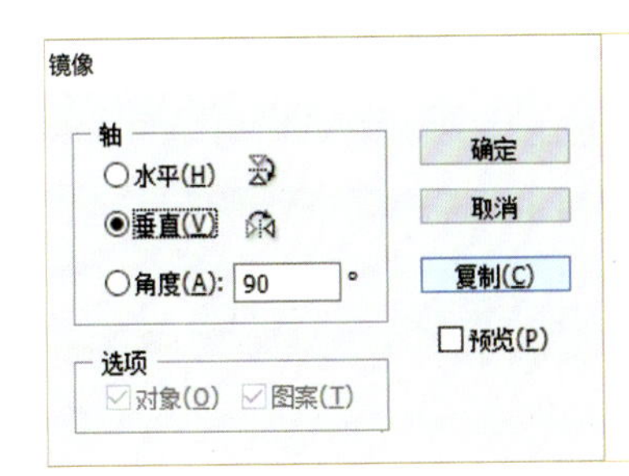

方法二：使用选择工具，选择需镜像复制的对象（领子、衣身和袖子），再使用工具箱中的镜像工具，选择人体模板前中心线上任意一点，单击的同时，按下键盘上的 Alt 键，然后在弹出的镜像面板中，选择“垂直”，角度设为 90°，再单击“复制”按钮即可。

⑤ 补充线条。用钢笔工具绘制出前后领座线和门襟止口线。

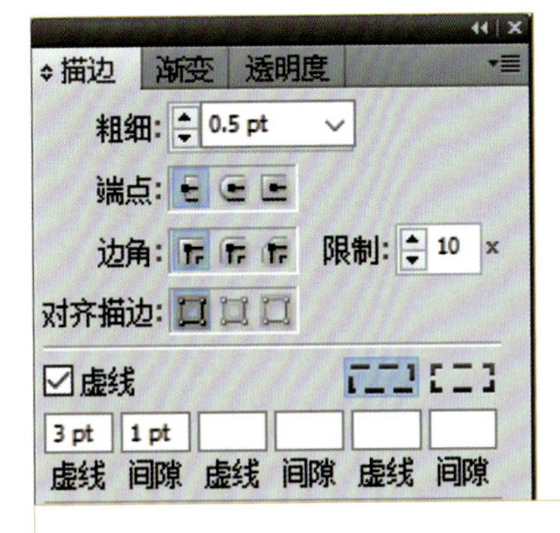

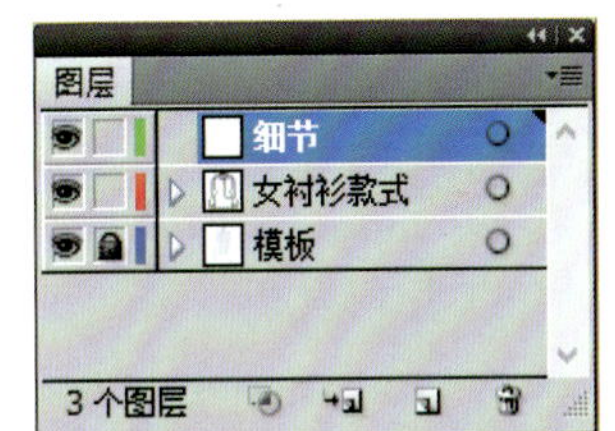

⑥ 绘制虚线。在“图层”面板中新建一个图层，命名为“虚线”（新建图层目的是选择时便于操作）。在“描边”面板中设置描边“粗细”为 0.5 pt，勾选“虚线”复选框，设置“虚线”为 3 pt，“间隙”为 1 pt。

提示：线的粗细及“虚线”与“间隙”值的设定要根据实际文件大小和绘制的款式图的大小以及轮廓线的粗细来定，并不是一成不变。

使用钢笔工具在领面、前后领座、过肩、止口、袖口和底摆处绘制虚线（服装明线）。虚线的粗细和间距须根据实际绘制情况进行调整。

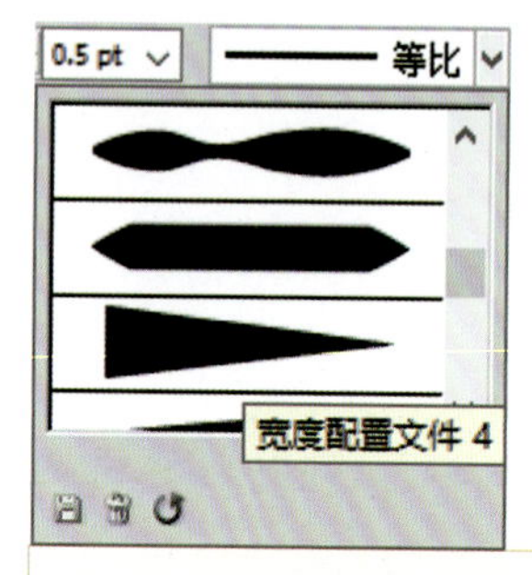

⑦ 绘制褶线。取消“描边”面板中“虚线”复选框的勾选。在“图层”面板中新建一个图层，命令为“褶线”，使用钢笔工具绘制出褶线（要根据轮廓线适当变细）。使用选择工具选择所有褶线，在“控制”面板“变量宽度配置文件”中选择“宽度配置文件 4”，让褶线有虚实变化。

提示：在绘制褶线时须注意要从褶线粗的一端起笔。

（4）色彩填充。服装的色彩填充主要分为两个步骤，建立实时上色组、色彩设置与填充。

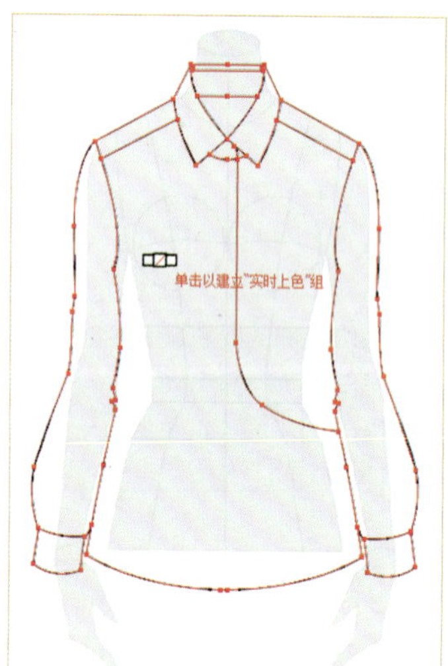

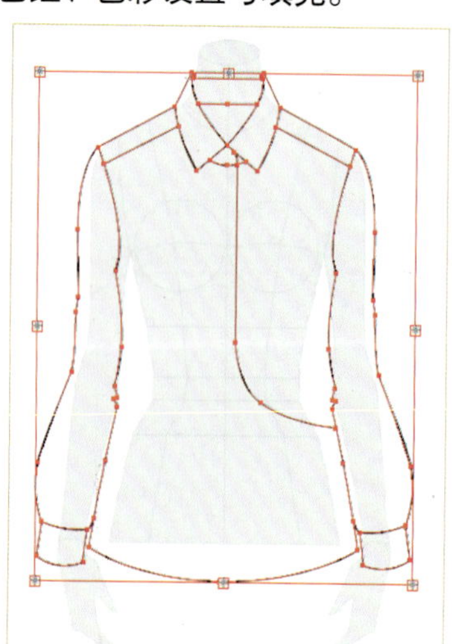

① 建立实时上色组。在“图层”面板中切换图层为“虚线”图层，“褶线”图层的“图层可视性”为不可视。使用选择工具选择所有线条，在工具箱中选择“实时上色工具”，（将光标放在款式图上时会有提示：单击以建立“实时上色”组），单击建立实时上色组。

提示：a. 建立实时上色组的线条之间要尽可能封闭；b. 建组成功后会出现红色粗线框；当使用选择工具选择时，实时上色组边界框节点里面会有图案，不同于普通边界框；c. 实时上色组可以“合并实时上色”也可以“扩展实时上色”；d. 特殊效果（如渐变、混合）以及特殊效果的画笔等不能建立实时上色组。

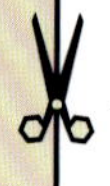

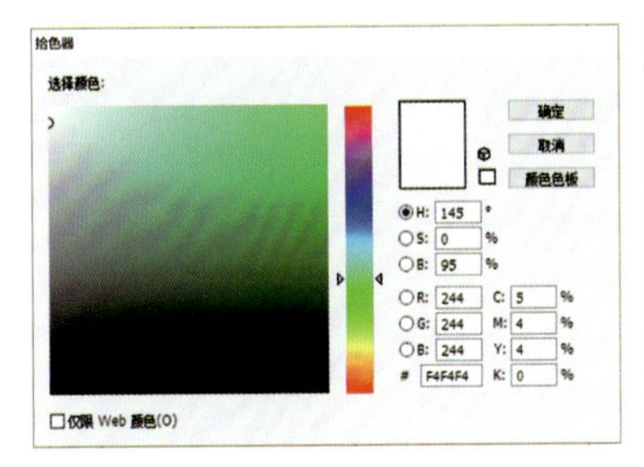
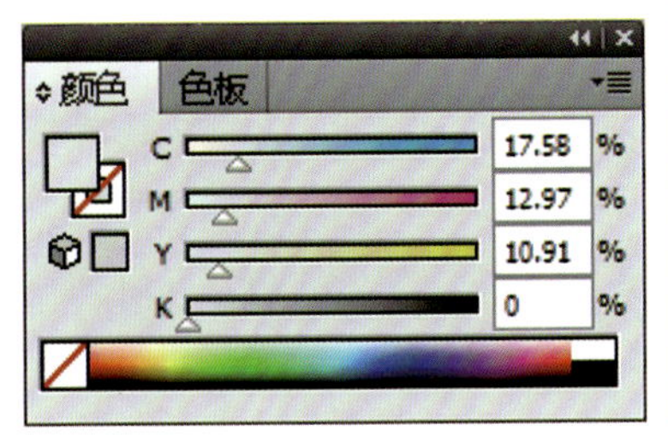

②色彩设置与填充。双击工具箱中的填色工具，弹出“拾色器”面板，选择色彩。或通过“颜色”面板和“色板”面板进行色彩设置，之后选择“实时上色工具”对建好的实时上色组进行色彩填充。

提示：为表达前后层次感，后衣片可以选择比前衣片稍微深一些的色彩。

（5）添加图案。

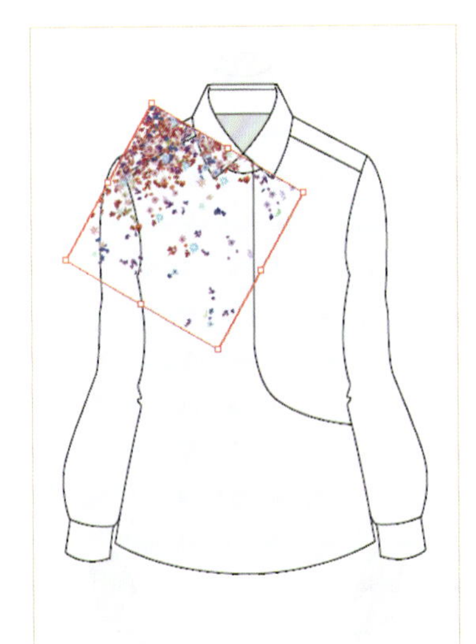

①扩展实时上色组。使用选择工具选择款式图，单击“控制”面板中的“扩展”按钮，将“实时上色组”转换为单独的路径。

提示：此时路径为编组状态，单击鼠标右键，在下拉菜单中选择“取消编组”（操作两次取消编组）。

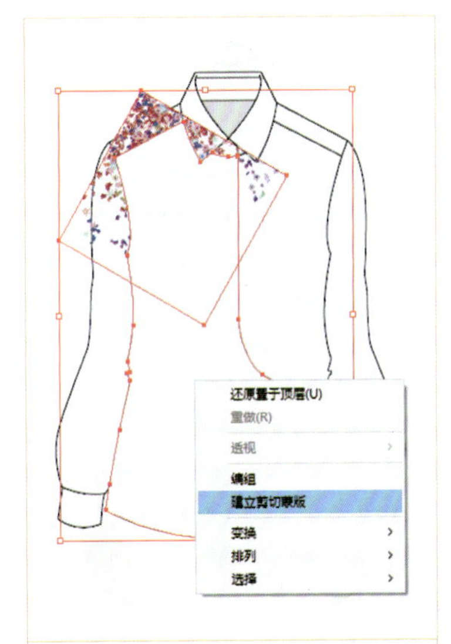

②置入透明背景图案。置入透明背景图案，调整图案大小和方向，将图案放置在衣片上面合适位置。

提示：透明背景图案格式可以是 .ai、.png 或是 .psd。

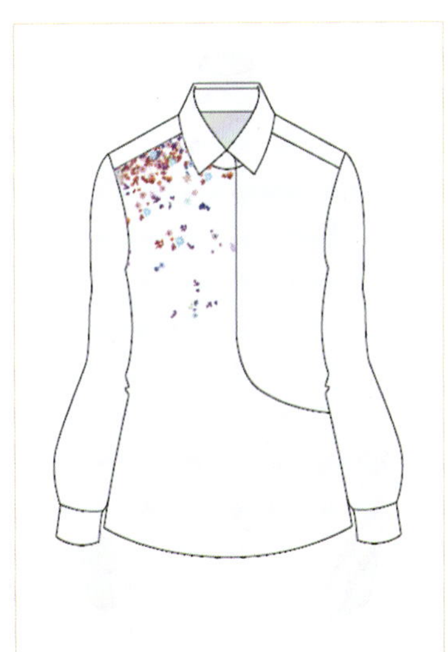

③剪切蒙版。使用选择工具选择衣片，按 Ctrl+C 组合键复制（按 Ctrl+F 组合键粘贴在衬衫前面）之后单击鼠标右键在右键菜单中执行“排列”→“置于顶层”命令，然后选中图案和衣片，同时单击鼠标右键即建立剪切蒙版。

提示：选择多个对象时可以框选，也可以按 Shift 键加选。

（6）纽扣绘制。纽扣的绘制步骤共有四步，具体如下所述。

①绘制正圆形。使用“椭圆”工具绘制正圆形，之后在“渐变”面板“类型”中选择“径向”，使用工具箱中的“渐变工具”填充渐变色彩。

提示：按 Shift 键，可以绘制正方形、正圆形，扣子色彩的选择须与服装的色彩相搭配；渐变色彩可以反复填充至满意为止。

②复制并旋转正圆形。选择填充好的正圆形并按 Ctrl+C 组合键复制，再按 Ctrl+F 组合键粘贴在填充好的正圆形前面，并旋转 180 度，同心等比缩小，描边线设置为“无”，最后将两个同心圆编组。

提示：同心等比缩小时须同时按 Alt 键和 Shift 键（Alt 键中心点固定，Shift 键等比例）。

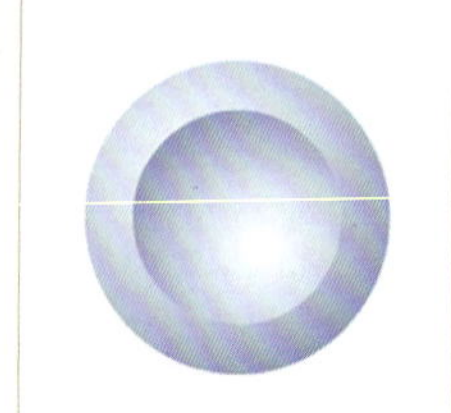

③绘制扣眼。在扣子上绘制一个小正圆形并填充黑色，再水平复制一个，将两个黑色的小正圆形选中编组，选择扣子和扣眼，在“控制”面板中执行“垂直居中对齐”和“水平居中对齐”命令。

提示：扣眼可以用填充黑色表现，也可以挖空表现。

④绘制钉扣线。选择与扣子和服装搭配的颜色，用钢笔工具在两个扣眼之间绘制直线段，在“描边”面板“端点”选项中选择“圆头端点”，将扣子、扣眼、钉扣线一起选中编组。

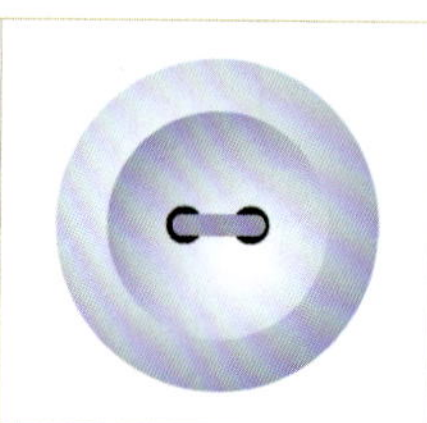

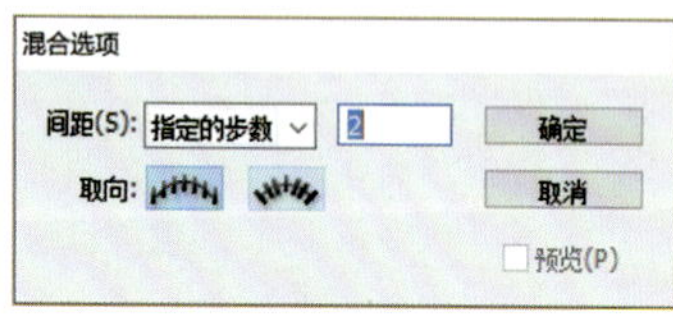

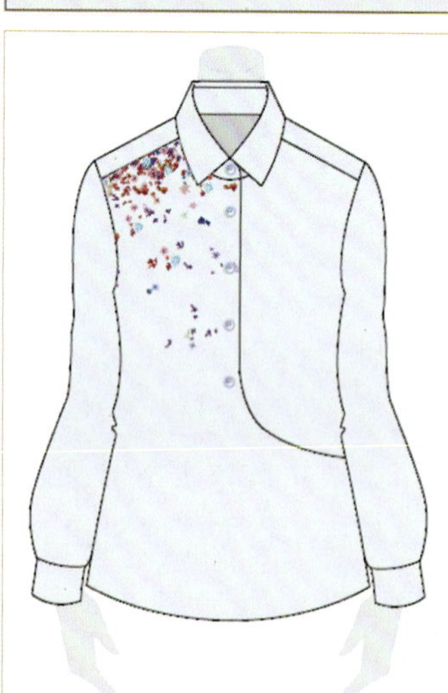

⑤放置扣子。将绘制好的纽扣调整到合适大小，放置第一粒扣子在领座上，垂直向下复制第二粒扣子，再垂直向下复制最后一粒扣子，同时选择第二粒和最后一粒扣子，在工具箱中双击“混合工具”，弹出“混合选项”面板，“间距”选择“指定步数”，数值设为 2，执行“对象”→“混合”→“建立”命令，完成扣子的放置。

提示：进行垂直或水平复制时，在按下 Alt 键的同时还要按 Shift 键进行操作；衬衫扣子通常第一粒和第二粒的间距要小一些，其他间距相同。

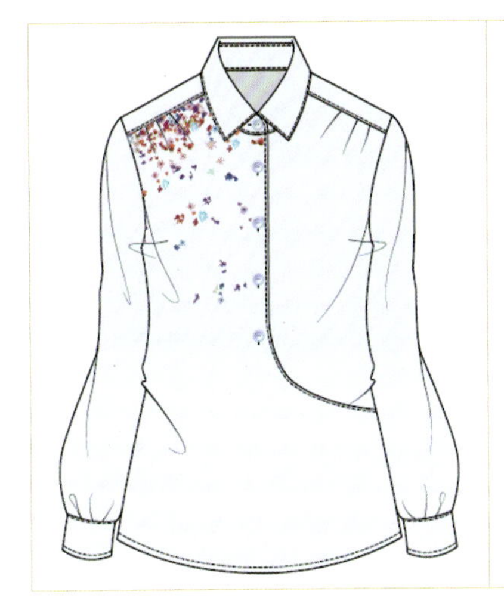

⑥绘制扣眼。完成前面款式图绘制，使用钢笔工具绘制扣眼，领座上的第一粒扣眼为横向，其他门襟上的扣眼为纵向。之后，在女衬衫正面款式图绘制显示“虚线”和“褶线”图层，隐藏或删除人体模板，完成女衬衫前面款式图绘制。

（7）女衬衫背面款式图绘制。

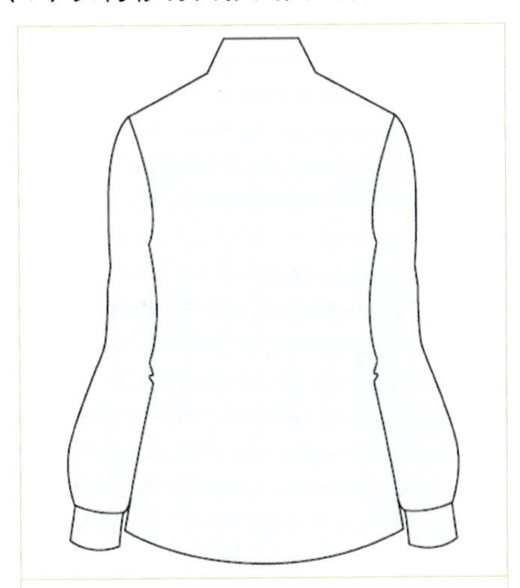

① 复制前面款式图。复制前面款式图，删除多余线条，保留各衣片剪影轮廓线。

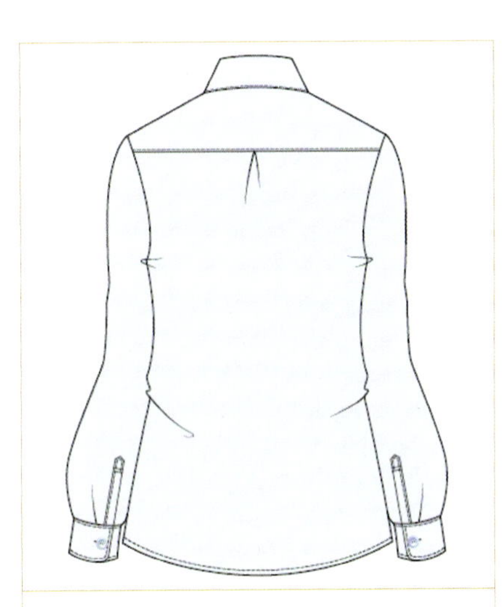

② 补充线条。添加过肩、袖叉、虚线和褶线等，完成背面款式图绘制。

任务四　西服款式图绘制

一、任务要求

绘制西服款式图，文件大小为 A4，CMYK 色彩模式。

二、任务准备

（1）收集男女西服款式资料，了解西服流行趋势、西服结构和工艺特点。

（2）收集西服面料、扣子和西服款式图案。

（3）预习面料填充。

面料填充

西装参考款式图

三、任务考核

（1）熟练使用钢笔工具。

（2）熟练绘制西服款式图线稿。

（3）掌握定义图案功能，熟练编辑和应用。

（4）能够结合 Photoshop 软件绘制并添加扣子。

四、参考实例

女西服款式图绘制

本实例主要通过女西服款式图的绘制，让学生掌握西服的比例关系和结构特点。重点讲解定义图案功能，使学生能够利用定义图案对所绘款式图进行面料和图案填充并且能够结合 Photoshop 软件对已有扣子等元素进行透明背景处理，并应用到服装款式图绘制中。

（1）线稿绘制。线稿绘制主要有两个步骤，具体如下所述。

① 新建文件，置入模板。执行“文件”→“新建”命令，设置新建文件大小为 A4，颜色模式为 CMYK。然后置入女“人体模板”并锁定，新建“女西装款式”和“细节”图层。

提示：准备工作参照女衬衫款式图绘制。

② 绘制线稿。使用钢笔工具进行线稿绘制，表现裁片廓形的实线绘制在“女西装款式”图层，虚线绘制在“细节”图层上。

提示：虚线通常都依附于实线，且尽量与实线保持平行。

（2）填充面料。服装填充面料共分为衣身面料填充，领子、袖子面料填充，里料填充三部分。

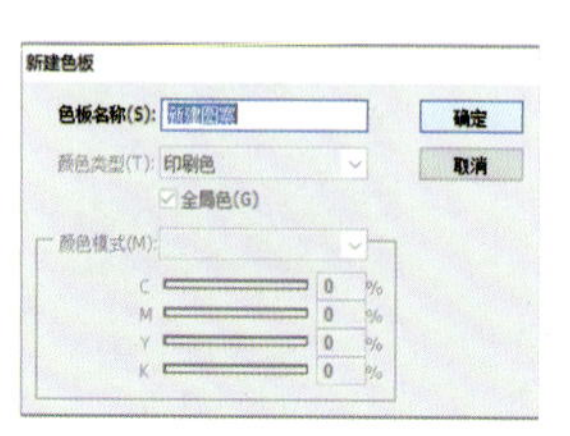

① 衣身面料填充。建立实时上色组：将“细节”图层切换为不可视，选择所有实线，建立“实时上色组”。

② 定义图案。置入衣身面料，调整到合适大小，执行“编辑菜单选择”→“定义图案”命令，设置色板名称，单击“确定”按钮完成面料置入。

③ 填充面料。在“色板”面板中选择添加的自定义的图案，使用“实时上色工具”对女西服款式图衣身和袖片部分进行面料填充。

提示：定义图案的文件格式可以是 .ai 格式的矢量图，也可以是 .png 和 .jpg 格式的位图。

④ 领子、袖子填充。置入领子图案面料，定义图案，填充领子部位，根据上述步骤完成袖子面料填充。

⑤ 里料填充。选择比服装色彩更深一些的颜色，填充服装里料，体现前后层次感。

提示：定义图案也可以直接将面料拖拽至“色板”面板中进行定义；定义图案的织物边缘的色彩和明暗要均匀，填充时不能出现接版缝，有图案的面料要尽可能做成“回位图”；填充后的图案大小可以用比例缩放工具进行调整。

（3）扣眼绘制。使用“钢笔”工具绘制扣眼形状，执行“效果”→“扭曲和变换”→“波纹效果”命令设置大小与每段的隆起数参数，单击“确定”按钮完成绘制。

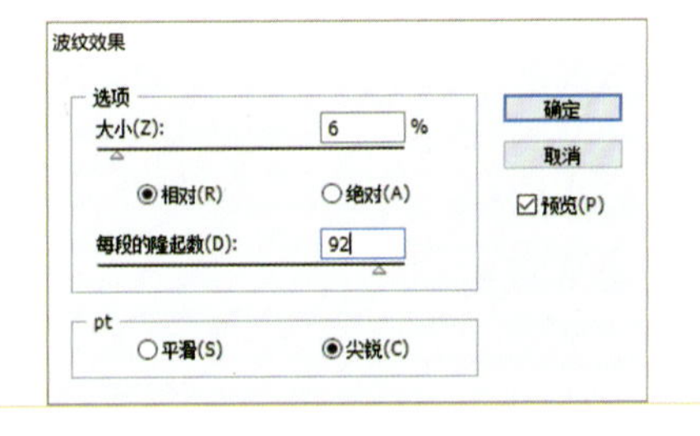

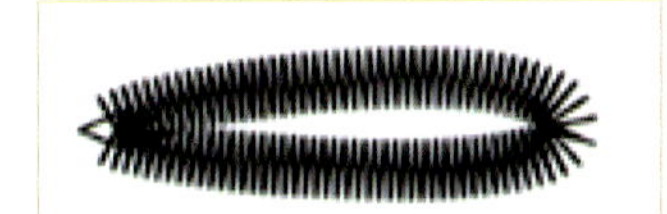

提示：“波纹效果”面板参数设置没有固定值，须根据文件大小、绘制形状大小和最后使用时大小进行调整。

（4）添加纽扣，完成女式西装前面款式图绘制。具体操作步骤如下所述。

① 处理扣子图片。选择与服装搭配的扣子图片，在 Photoshop 软件中抠除背景，设置好尺寸，存储为 .psd 或 .png 格式。

② 置入扣子图片。置入透明背景的扣子文件，调整大小后与扣眼编组，复制并放在服装合适位置。

③ 完成前面款式图绘制。将“细节”图层切换为可视图层，显示虚线，隐藏或删除“人体模板”，完成女西服面款式绘制。

提示：扣子需使用透明背景的扣子图案，所以需要 .ai、.psd 或 .png 格式图片。

（5）女式西装背面款式绘制。款式绘制一共有两个步骤，具体如下所述。

① 复制前面款式图。复制前面款式图，使用“直接选择”工具删除多余线条。

提示：删除多余线条时，“实时上色组”不用扩展，可以使用“直接选择”工具直接删除多余线条，封闭区域色彩自动合并。

② 补充线条，完成背面款式图绘制。补充后中心线、后公主线、后外领线以及虚线等，完成背面款式图绘制。

任务五　夹克衫款式图绘制

一、任务要求

绘制夹克衫款式图，设置面板大小为 A4，CMYK 色彩模式。

AI 拉链绘制

二、任务准备

（1）收集男女夹克衫款式资料，了解夹克衫流行趋势，了解夹克衫的结构和工艺特点。

（2）收集夹克衫面料和图案。

（3）预习拉链绘制。

夹克衫、外套款式参考图

三、任务考核

（1）能够绘制拉链并应用到服装中。

（2）能够绘制螺纹并应用到服装中。

（3）能够熟练表达款式图中的褶线与阴影。

（4）能够熟练使用画笔、旋转、镜像工具等。

四、参考实例

夹克衫款式图绘制

本实例主要通过夹克衫款式图的绘制，让学生掌握夹克衫的比例关系和结构特点。重点讲解拉链绘制、螺纹绘制、褶线及阴影的表现方法。希望学生能够掌握绘制技巧和原理，并学会举一反三。

（1）线稿绘制。主要分为两步，具体如下所述。

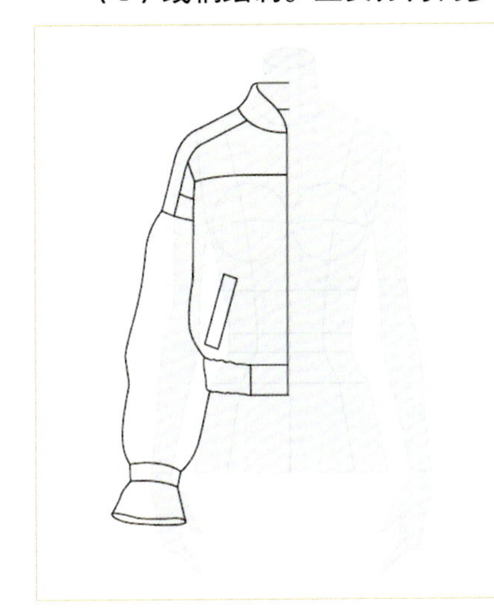

①衣身、袖子线稿绘制。参照前面所学做好准备工作：新建文件，置入“女人体模板”并锁定，再新建6个图层，分别命名为“女夹克衫款式”“阴影”“褶线”“虚线”“领子”和“拉链”。

在“女夹克衫款式”图层绘制右半身各衣片轮廓线。

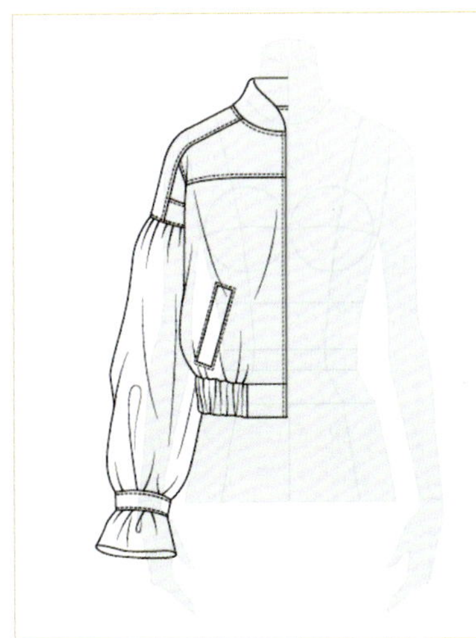

②绘制虚线和褶线。在“虚线”和“褶线”图层，分别绘制虚线和褶线，对褶线进行粗细处理表现虚实关系。

提示：虚线的粗细和间隙要根据文件大小和轮廓线的粗细进行调整，通常要比轮廓线细一些；褶线也要比轮廓线细一些，可以在“控制”面板“变量宽度配置文件”中设置线的宽度变量类型，使褶线有虚实变化，看起来更生动。

（2）面料及色彩填充。详细填充步骤如下所述。

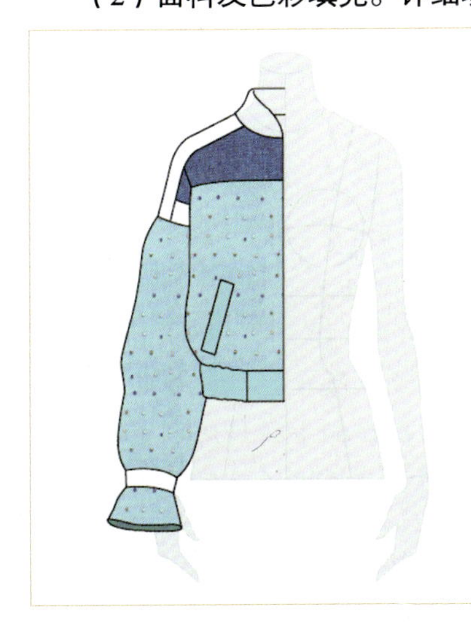

①隐藏“虚线”“褶线”。将“褶线”和“虚线”图层切换为不可视。

②建立“实施上色组”。选择“女夹克衫款式”图层所有线条，选择“实时上色”工具，建立“实时上色组”。

③填充面料。置入面料，调整大小，定义图案，填充。领子部分需要做螺纹可以先不填充。

提示：置入的面料可以先用Photoshop软件处理，以保证填充时没有接版缝；置入的文件不要太大，能够看清面料质感和纹理即可。

（3）绘制阴影。阴影的绘制主要有以下三个步骤。

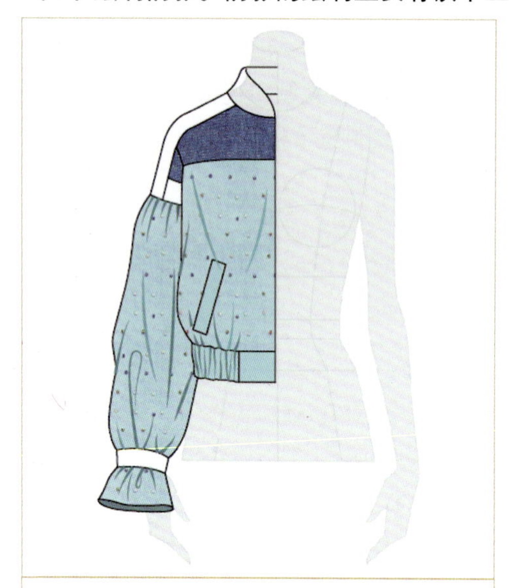

①复制褶线。切换“褶线”图层为可视，关闭或锁定其他图层，选择褶线按Ctrl+C组合键，选择“阴影”图层按Ctrl+F组合键粘贴在服装前面。

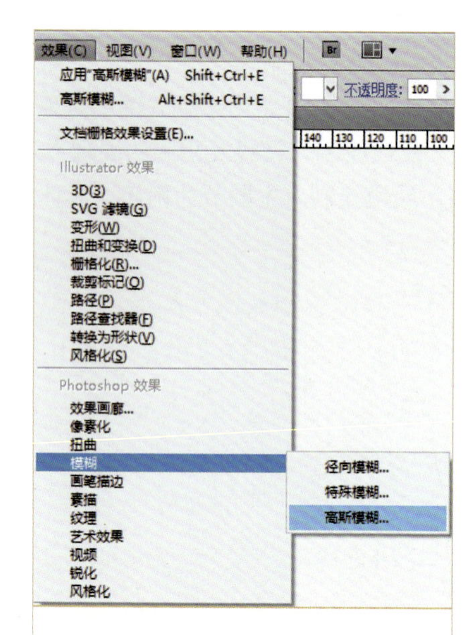

②设置阴影颜色与粗细。在工具箱中设置“描边”颜色，须采用比服装颜色深一些颜色作为阴影颜色，并将阴影线加粗。

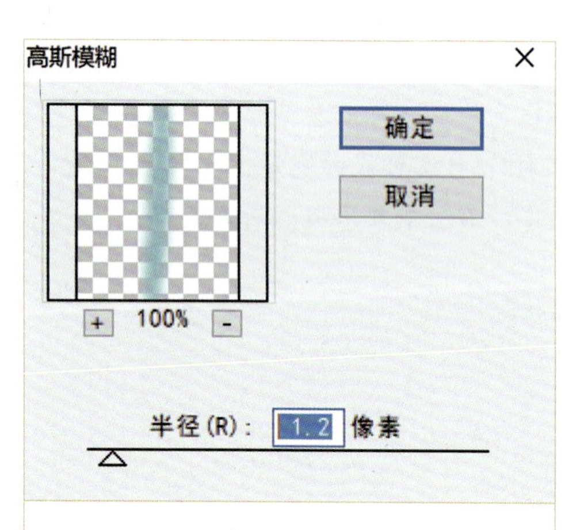

③制作阴影效果。执行“效果”→“模糊”→“高斯模糊”并设置参数，最后单击“确定”按钮完成效果制作。

提示：高斯模糊的半径值不要一次性设置太大，可以设置小一些，如果觉得一次效果不够，可以重复执行“效果”→“高斯模糊”命令，直到满意为止。

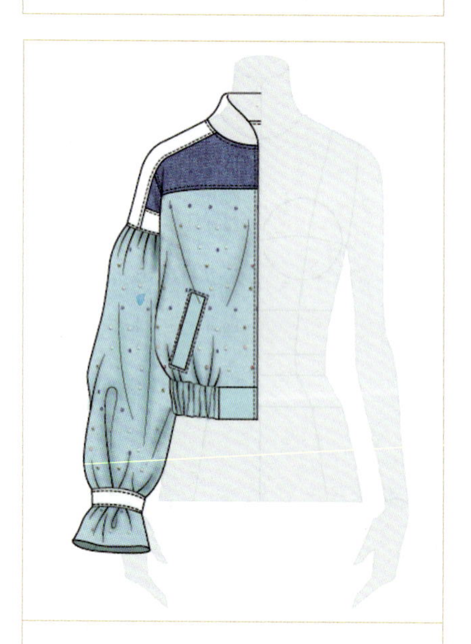

④阴影完成效果。将“褶线”和“虚线”图层切换为可视，显示褶线和虚线，完成阴影效果的绘制。

提示：阴影色彩、阴影线的宽度以及高斯模糊半径值的调整都不是固定的，须根据服装大的明暗关系和结构灵活运用和调整。

（4）衣领螺纹绘制。绘制步骤如下所述。

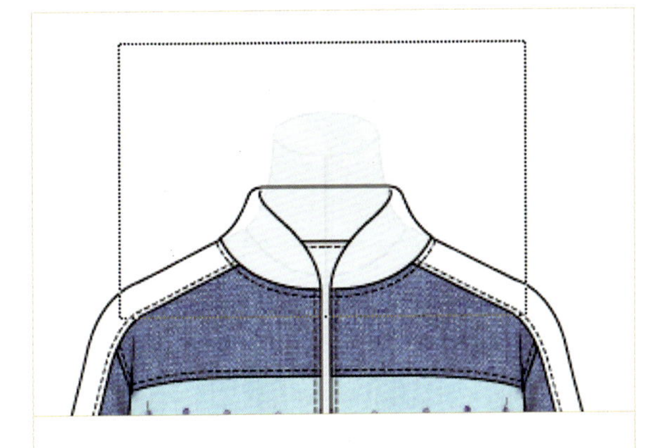

①镜像复制，完成左半身款式绘制。选择已绘制的所有对象，选择“镜像”工具，以“人体模板”前中心线为对称轴，进行镜像复制。

合并实时上色 变换
添加选定路径和/或合并实时上色组

②将前后衣领与衣身“合并实时上色”。连接前领窝弧线，使后衣片形成封闭区域，用选择工具框选前后衣领和前后衣片，切换到“控制”面板选择合并实时上色（将原本开放的后衣领添加到已有的“实时上色组”中）。

提示：虽然建立“实施上色组”的路径不需要闭合路径，但是各开放路径之间需要封闭状态。路径之间间隙小可以默认封闭，但如果间隙较大就需要调整，否则无法填充色彩或面料。

③将前后领子填充为白颜色，后衣片填充为深色，区别于前衣片。填充完颜色之后将“实时上色组”扩展并取消编组。

提示：扩展实时上色组的目的是得到领子的封闭路径，为下面的剪切蒙版提供方便。

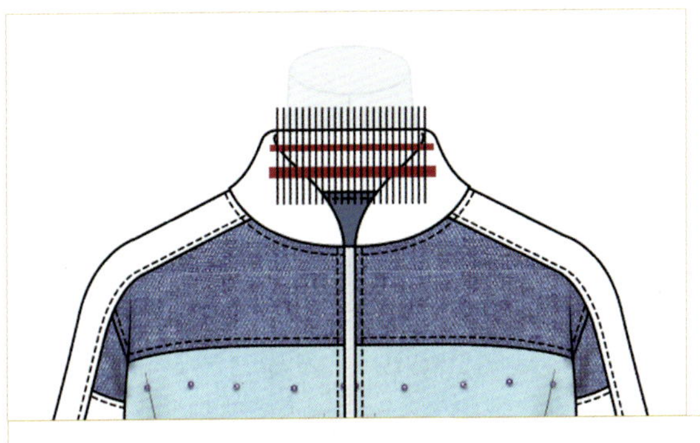

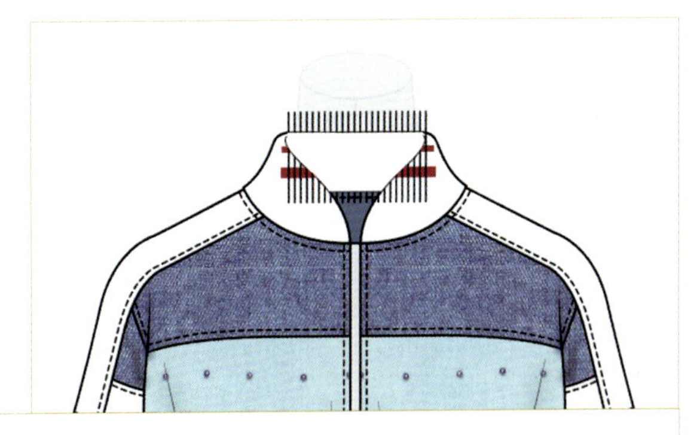

④绘制后衣领螺纹。具体分为四个步骤。

a. 设置描边为红色，用“钢笔”工具在“衣领”图层后领上绘制两条水平装饰线，线的粗细以视觉美观为主。

b. 设置“描边”颜色为黑色，用“钢笔”工具在领子一端绘制垂直线段（比轮廓线要细），选择线段，水平移动并复制按 Ctrl+D 组合键（重复上一个程序），复制到领子另一端结束。

提示：水平移动并复制——在选择工具移动的同时按 Alt 键和 Shift 键。

c. 选择后衣领，按 Ctrl+C 组合键（复制），选择“衣领”图层，按 Ctrl+V 组合键粘贴在前面。

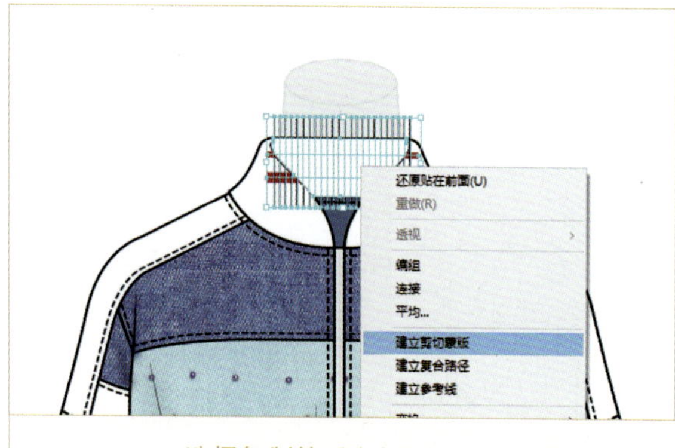

d. 选择复制的后衣领以及绘制的螺纹线和装饰线，单击鼠标右键，建立剪切蒙版。

提示：裁切的图形一定要排在被裁切对象的上面。

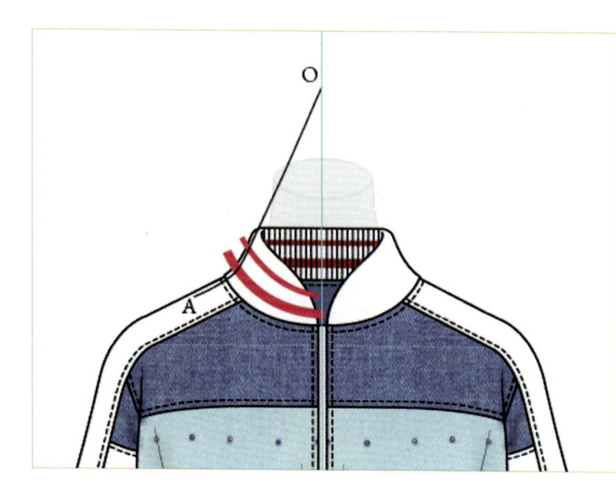

⑤ 绘制前衣领螺纹。绘制共分为两个步骤。

a. 设置描边为红色，绘制与后领相同的红色装饰线（色彩的明度和饱和度要提高一些，以便于区分前后层次），用钢笔工具绘制线段AO（O点在“人体模板”前中心线的延长线上）。

提示：AO线段要足够长，旋转之后要能够盖住领面。

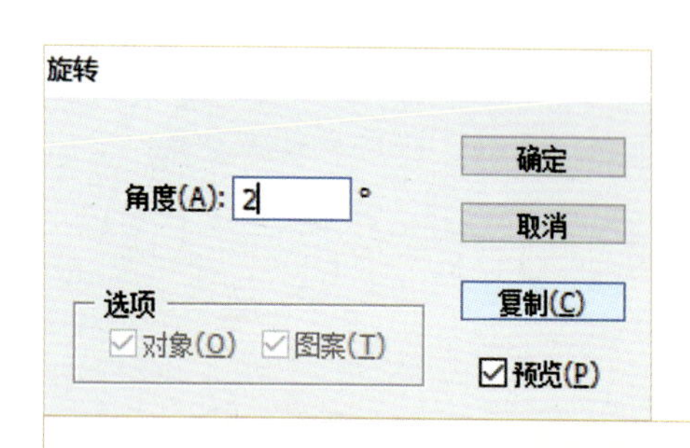

b. 选择线段AO，选择旋转工具，将鼠标放在O点上，单击的同时按下Alt键，弹出旋转面板，设置角度为2，单击“复制”按钮，完成操作。

提示：角度为正值时是逆时针旋转，角度为负值时是顺时针旋转。角度值的设置须根据绘制款式图的大小决定；“确定”按钮只能进行旋转，“复制”按钮则在旋转的同时还会复制。

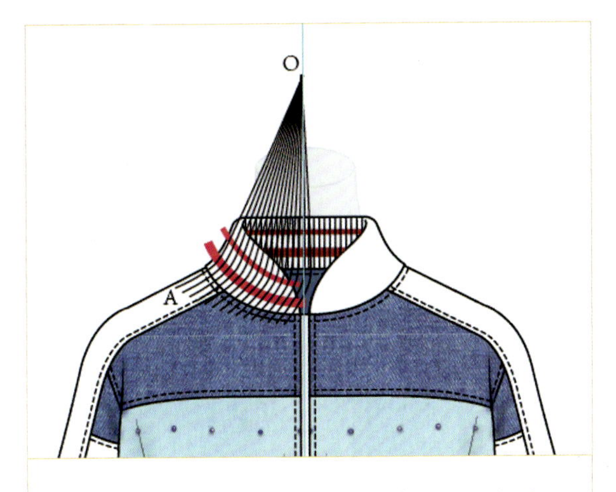

c. 在选择工具的状态下按 Ctrl+D 组合键，重复上一个程序，复制线段直到覆盖整个领面。

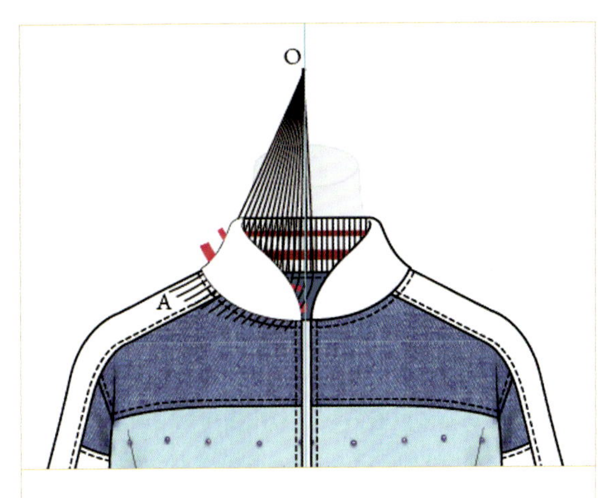

d. 选择右衣片领面，按 Ctrl+C 组合键复制，选择“衣领”图层，按 Ctrl+V 组合键粘贴在前面。

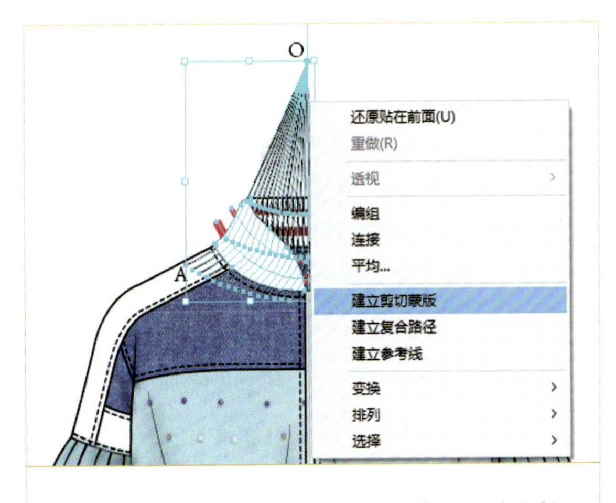

e. 选择红色装饰线、最上面的领面以及所有旋转复制的螺纹线，单击鼠标右键，建立剪切蒙版，完成右衣片领子螺纹绘制。

f. 复制右片领子螺纹，以“人体模板”前中心线为对称轴，进行镜像复制，完成左边衣片领子的绘制。

（5）拉链绘制。绘制具体步骤如下所述。

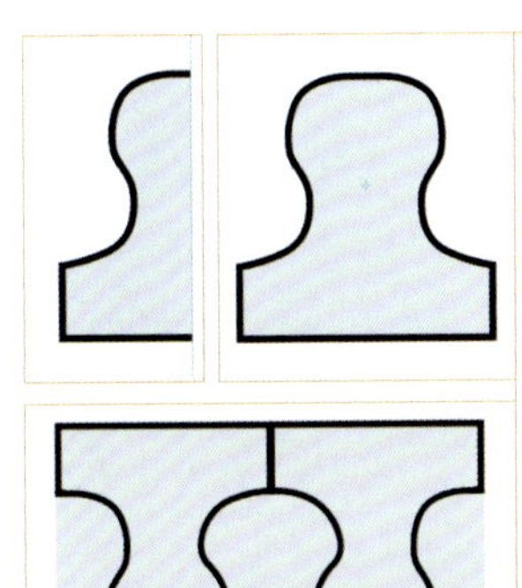

① 绘制拉链齿。在“拉链”图层，从标尺中拖拽出一条纵向参考线作为对称轴，绘制出半个拉链齿，镜像复制组合成一个完整的拉链齿。

② 组合拉链齿。将拉链齿组合排列，组成能够左右拼接且没有接版缝的拉链齿组合。

提示：拉链齿在款式图绘制中，每个人绘制的形状有所不同。可以绘制成圆头也可以绘制成矩形或其他形状，只要能够保证在左右拼接的时候没有接版缝，并且拉链齿能够咬合在一起有拉链的感觉即可。

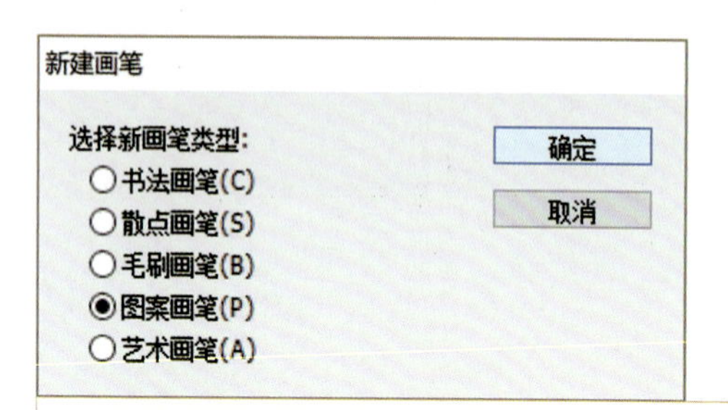

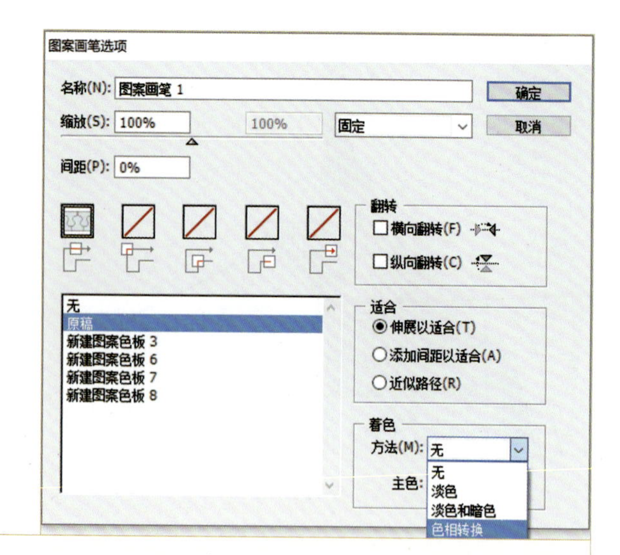

③ 新建图案画笔。选择排列好的拉链齿组合，单击“画笔”面板中“新建画笔”按钮，弹出“新建画笔”面板，选择“图案画笔”。在弹出的“图案画笔选项”面板中，“着色”方法中选择“色相转换”。

提示：拉链用线稿表现时不需要填充色彩，“着色”方法选项中可以选择“无”；如果拉链的颜色需要与服装色彩相搭配，那么就要选择“色相转换”，在应用时拉链的颜色可以随着“描边”色彩的改变而改变，可以设置成自己想要的任何色彩，所以最初拉链齿填充的可以是任意色彩，无须纠结；拉链分左右两边，当单独的拉链齿圆头朝上建立“图案画笔”时，可以应用于左边的拉链，当圆头朝下建立“图案画笔”时，可以应用于右边的拉链。

④ 绘制拉链。用钢笔工具在服装的前中心线上，从前领窝中心点至底摆绘制垂直线段，单击“画笔”面板中新建的拉链画笔应用于路径，调整描边的粗细使拉链宽度与服装相吻合。

提示：如果想改变拉链的色彩，调整描边色彩即可。

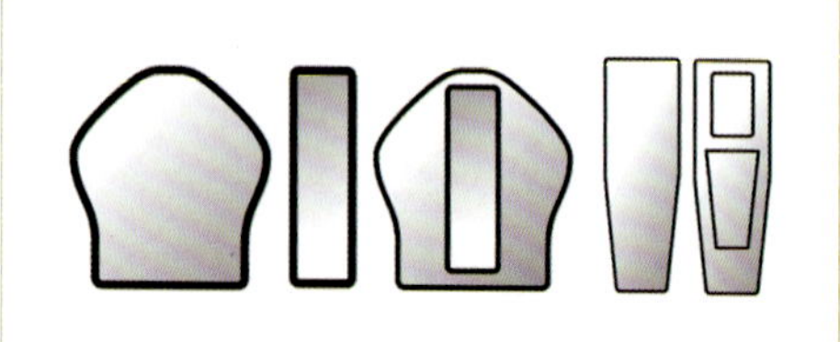

⑤ 拉链头与拉链插座绘制。具体绘制步骤如下所述。

a. 绘制拉链头形状，渐变填充（表达金属质感），对齐组合。

b. 绘制拉链把手形状，用渐变填充，在把手上绘制矩形和梯形，将三个图形垂直居中对齐。

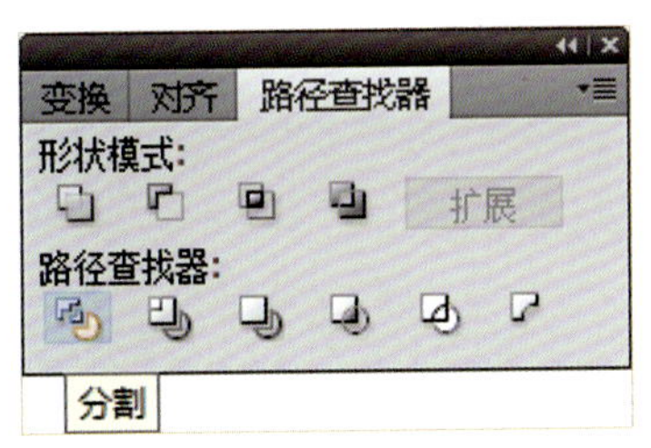

c. 选择三个图形，执行“窗口”→“路径查找器”→“分割”命令，用直接选择工具选择矩形和梯形按 Delete 键删除即可做出镂空效果。

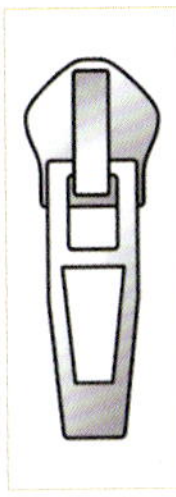

d. 将绘制好的拉链头和把手组合在一起。用“矩形工具”绘制拉链插座并用渐变填充。

提示：拉链把手的样式多种多样，设计者可根据自己喜欢的样式进行绘制，在日常生活中要学会多观察。

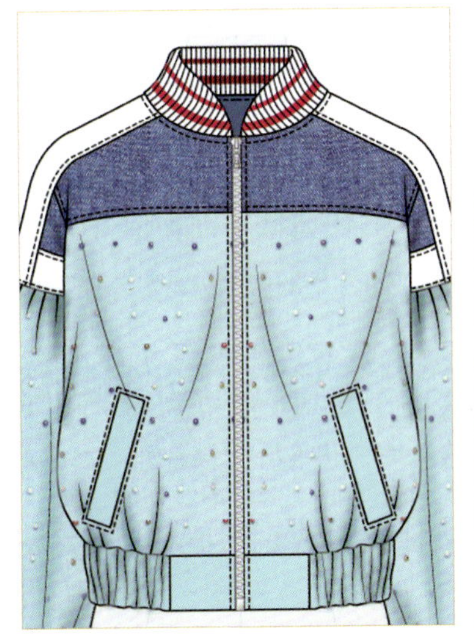

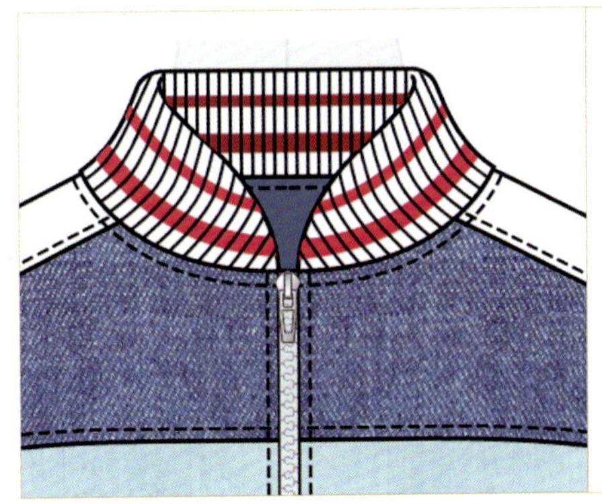

e. 将拉链头和插座放到拉链的两端，调整大小和位置，拉链绘制完成。

（6）夹克衫前面款式绘制。

补充红色装饰线条，隐藏或删除“人体模板”，完成夹克衫前面款式绘制。

（7）夹克衫背面款式图绘制。

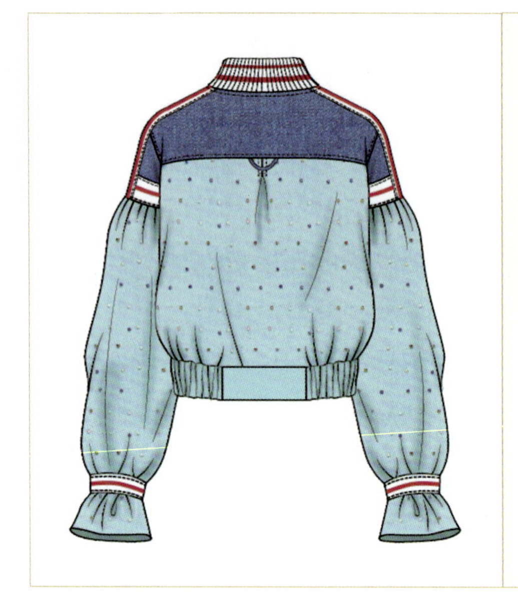	复制前面款式图，去掉多余线条，将背面结构补充完整，完成夹克衫背面款式图绘制。

任务六　泳装款式图绘制

一、任务要求

绘制泳装款式图，设置画布大小为 A4，CMYK 色彩模式。

二、任务准备

（1）收集泳装款式资料，了解泳装流行趋势，了解泳装的结构和工艺特点。

（2）收集泳装图案。

（3）预习花边绘制。

（4）预习蕾丝花边应用。

花边的绘制与应用

蕾丝花边的绘制与应用

泳装、内衣款式参考图

三、任务考核

（1）能够绘制花边并应用。

（2）熟练应用剪切蒙版功能添加图案。

（3）熟练使用效果菜单。

（4）能够新建图案画笔、应用并编辑。

四、参考实例

泳装款式图绘制

本实例主要通过泳装款式图的绘制，让学生掌握泳装的比例关系和结构特点。重点讲解在使用剪切蒙版添加图案的基础上，能够利用图案画笔功能绘制花边并能够对花边进行编辑应用。

（1）线稿绘制。线稿绘制共分为五个步骤，具体如下所述。

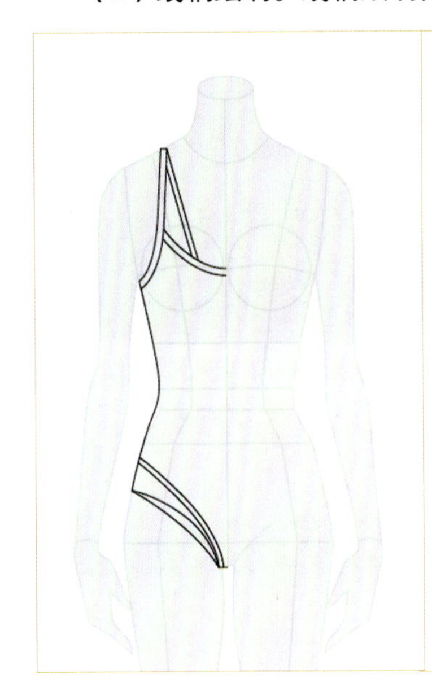

① 准备工作。参照前面所学做好准备工作：新建文件，置入“女人体模板”并锁定，再新建3个图层，分别命名为“泳装款式”“细节”“花边”。

② 绘制右边泳衣款式。在“泳装款式”图层绘制泳装款式。

提示：对称款式，绘制一半，另一半镜像复制。

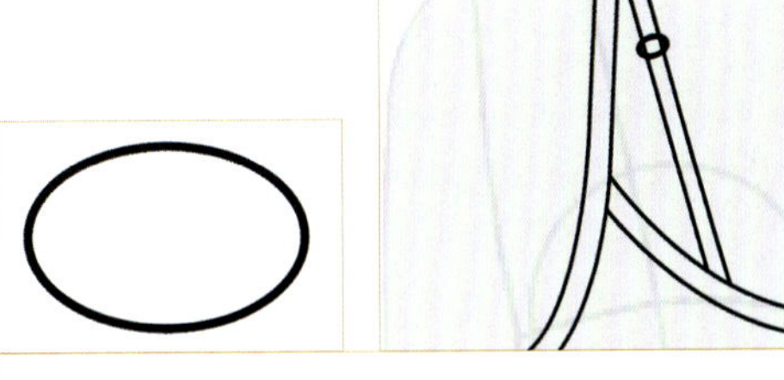

③ 绘制搭扣。绘制步骤共分为四步，具体如下所述。

a. 设置填色为“无”，描边为黑色，在“细节”图层用椭圆工具绘制椭圆。将椭圆放置在后肩带上，调整方向及宽度，与肩带宽度吻合。

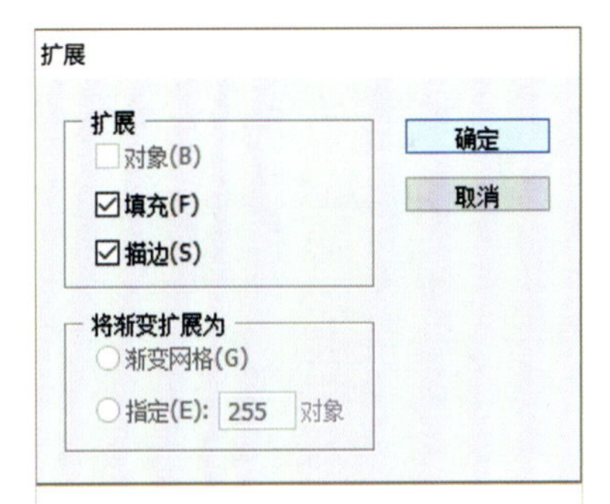

b. 原本椭圆为路径，扩展之后路径变为填充区域，既有填充又有描边。

c. 设置椭圆填充为“无”，描边宽度0.25 pt。

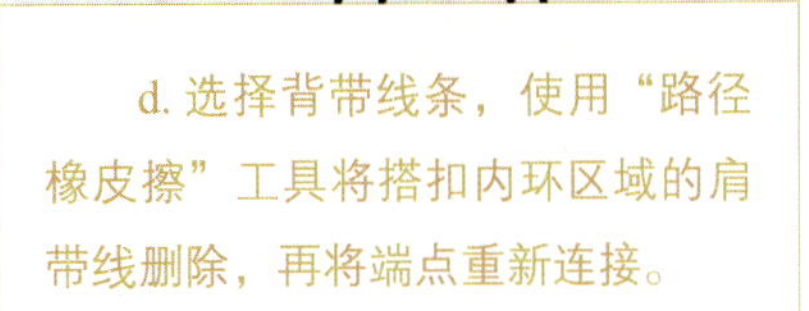

d. 选择背带线条，使用“路径橡皮擦”工具将搭扣内环区域的肩带线删除，再将端点重新连接。

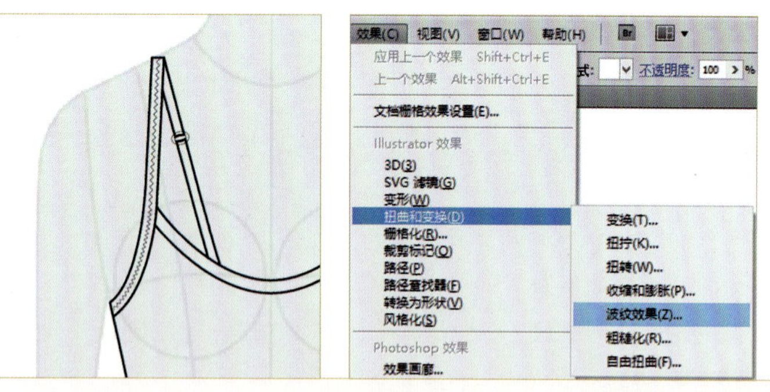

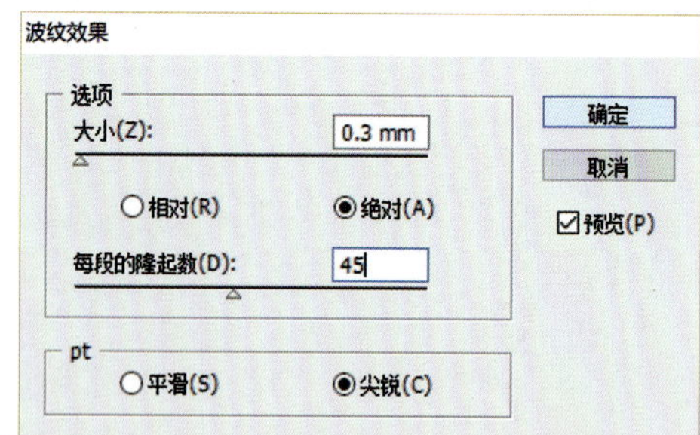

④ 绘制 Z 字针。设置填充为→“无”，描边为黑色，在“细节”图层背带上用钢笔工具绘制路径，粗细为 0.25 pt，执行“效果”→“扭曲和变换”→“波纹效果”命令。设置“大小”和“每段的隆起数”，pt 选择“尖锐”，单击“确定”按钮完成填充。

提示：波纹效果面板中“大小”的参数值和“每段的隆起数”要根据肩带宽度和长度来设置。

⑤ 完成线稿绘制。将所有 Z 字针完成后，选择所有线条，以“人体模板”前中心线为对称轴，进行镜像复制完成线稿绘制。

（2）色彩填充。具体步骤如下所述。

① 衣身色彩填充。切换“细节”为不可视，选择可视的所有线条，建立实施上色组，填充色彩（注意区别前后层次）。

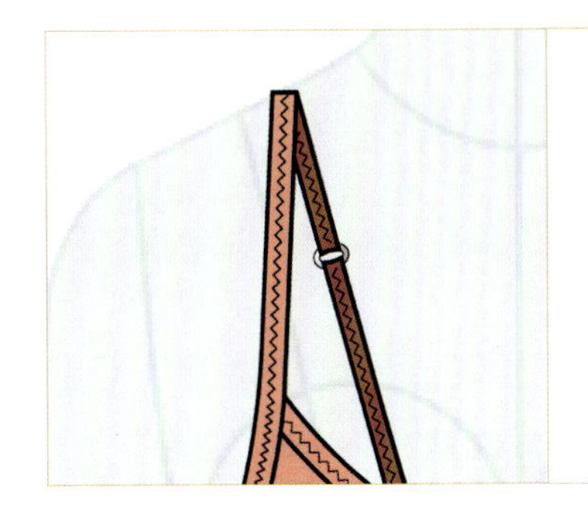

② 搭扣色彩填充。切换“细节”图层为可视，选择搭扣，使用渐变填充，将搭扣排列在背带下面。

（3）图案填充。服装图案填充步骤如下所述。

① 扩展实施上色组。选择实时上色组，“控制”面板，扩展，单击鼠标右键，取消群组（须执行两次）。

② 置入图案。置入图案，调整大小和方向，放置合适位置。

③ 排列层次。选择泳装前衣片按 Ctrl+C 组合键复制，按 Ctrl+V 组合键粘贴在前面，单击鼠标右键，排列，置于顶层。

④ 建立剪切蒙版。选择衣片和图案，单击鼠标右键，建立剪切蒙版，完成图案添加。

提示：剪切蒙版后的图案，如果位置不满意，还可以使用直接选择工具进行移动调整。

（4）花边绘制。具体步骤如下所述。

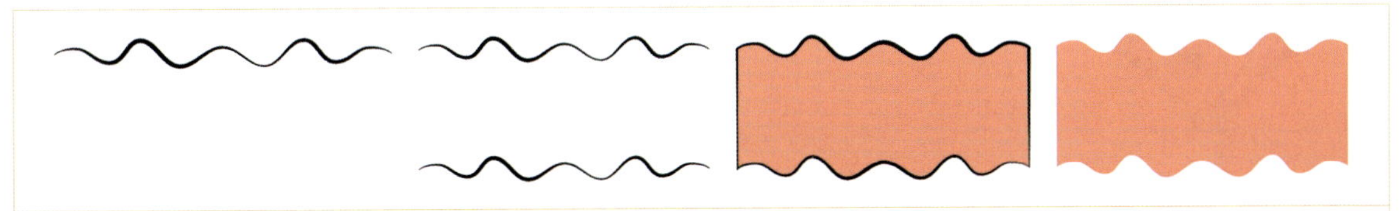

① 波浪线绘制。使用铅笔绘制波浪线（波浪线的两端要能够无缝拼接），在“控制”面板“变量宽度配置文件”中设置波浪线的粗细变化，复制波浪线，再将两条波浪线编组，再复制编组后的波浪线，用直接选择工具将两边端点连接成封闭路径，填充色彩，设置描边为“无”。

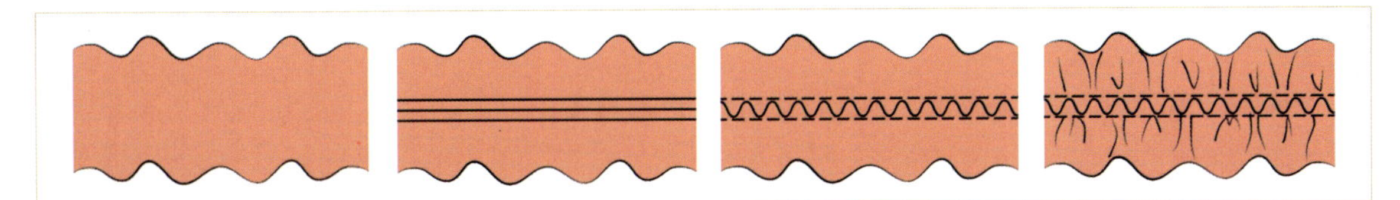

② 绘制缝纫线与褶线。将编组后的波浪线与无描边色块垂直居中对齐、水平居中对齐，用钢笔工具绘制 3 条水平线并对齐，选择上下两条线设置虚线，选择中间直线，执行“效果”→“扭曲和变换”→“波浪效果”命令，单击“确定”按钮，用铅笔工具绘制褶线，并进行粗细变化。

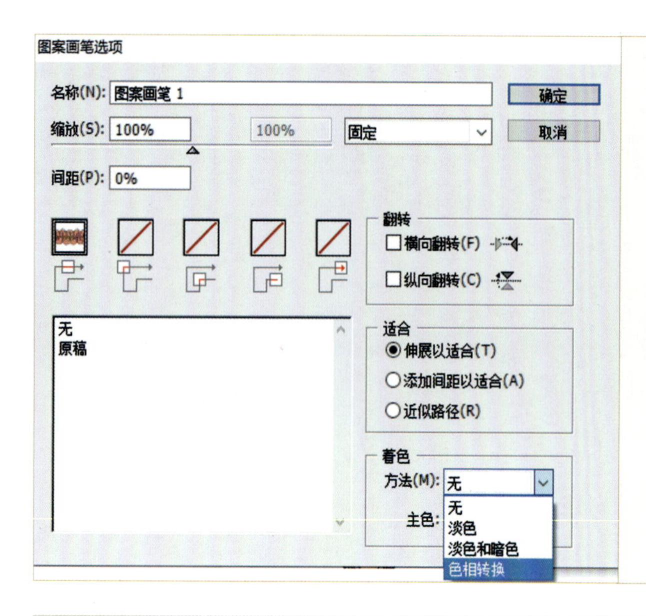

③ 定义图案画笔。选择绘制的花边，执行“窗口”→“画笔”命令，弹出“画笔”面板，新建画笔，单击“确定”按钮，完成新建图案画笔。

提示：“图案画笔选项”面板“着色”方法中有四个选项可以设置，不同的选项可以出现不同效果，设计师可根据自己的需要进行选择。这里我们选择“色相转换”，应用时花边的颜色可以随着描边颜色的改变而改变。

④ 花边应用。在泳装上需要添加花边的位置绘制路径，将新建的花边图案画笔应用于路径。

⑤ 完成泳装绘制。隐藏或删除“人体模板”，完成泳装款式图绘制。

提示：改变“描边”粗细便可改变花边的宽度，改变“描边”色彩便可改变花边的色彩；我们也可以利用真实的蕾丝图片来对款式图进行装饰。

任务七　裙子款式图绘制

一、任务要求

绘制裙子款式图，设置画布大小为 A4，CMYK 色彩模式。

二、任务准备

（1）收集裙装款式资料，了解裙装流行趋势，了解裙装的结构和工艺特点。

（2）收集条格面料。

（3）了解 Photoshop 软件中的封套功能。

（4）预习 Photoshop 软件中的混合工具的使用。

其他品类款式参考图（一）

其他品类款式参考图（二）

三、任务考核

（1）运用封套功能对条格面料进行扭曲变形。
（2）熟练应用剪切蒙版功能。
（3）掌握路径查找器面板的功能及应用。

四、参考实例

裙子款式参考图

裙子款式图绘制

本实例主要通过裙子款式图的绘制，让学生掌握裙子的比例关系和结构特点。重点讲解格子面料在服装款式图绘制中的应用；铆钉和绳结在服装款式图绘制中的绘制及应用。

（1）裙子线稿绘制。裙子线稿绘制主要由四个步骤完成，具体如下所述。

①准备工作。参照前面所学做好准备工作：新建文件，置入"女人体模板"并锁定，新建4个图层，分别命名为"裙子款式""阴影""褶线与虚线""铆钉与绳结"。

②绘制裙子款式。在"裙子款式"图层，使用钢笔工具绘制线稿。

③绘制褶线。在"褶线与虚线"图层绘制褶线与虚线，并做虚实变化处理。

（2）色彩填充。裙子色彩填充主要由以下两步骤组成。

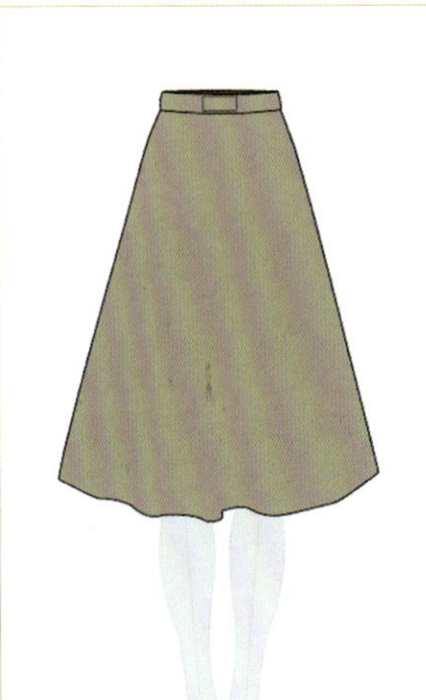

①建立实时上色组。将"褶线与虚线"图层切换为不可视，选择裙片轮廓线，建立实时上色组。

②填充色彩。设置色彩，对实时上色组进行色彩填充。填色的目的是要得到闭合路径，所以可以填充任意色彩。

提示：直接把裙腰和裙片做成闭合路径也可以。

（3）面料填充。裙子面料填充主要由以下步骤组成。

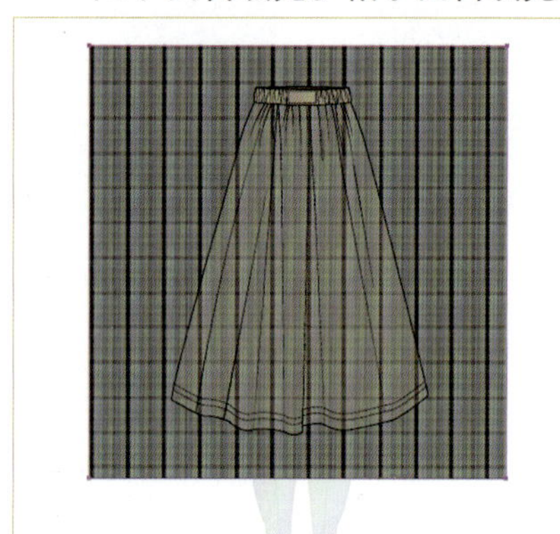

① 扩展“实时上色组”。选择实施上色组，扩展，取消群组（须执行两次）。

② 置入面料。置入条格面料，调整大小，要能够覆盖在裙片上。

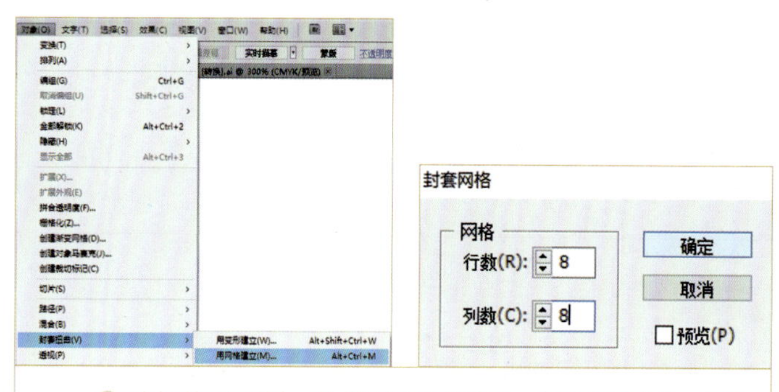

③ 选择格子面料，执行“对象菜单”→“封套扭曲”→“用网格建立”命令，设置网格的行数和列数。

④ 封套扭曲。使用“直接选择工具”，根据裙子的褶皱和形态调整节点，让格子面料符合裙子的动态。

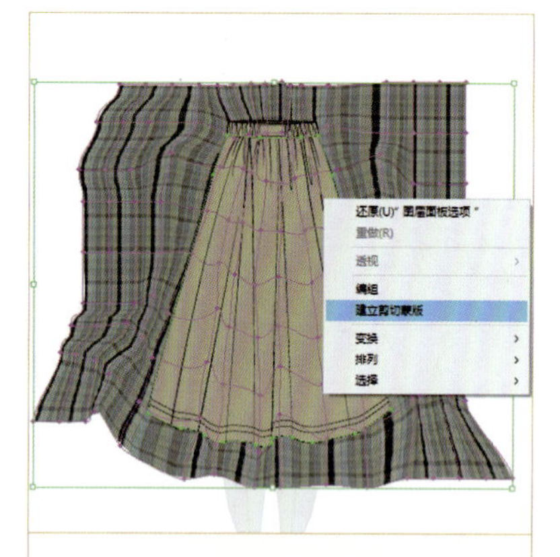

⑤ 建立剪切蒙版。

⑥ 完成面料填充。

（4）绘制铆钉。分为以下三步骤，具体内容如下所述。

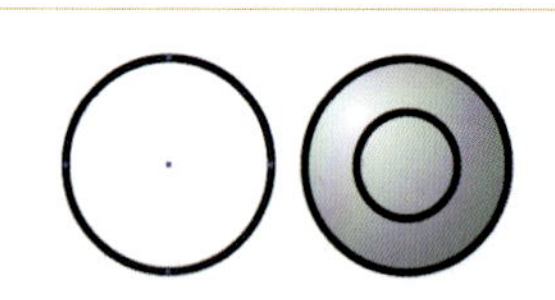

① 绘制铆钉。用椭圆工具绘制正圆形按 Ctrl+C 组合键复制，按 Ctrl+V 组合键粘贴在前面，并缩小，将大圆填充渐变色彩。

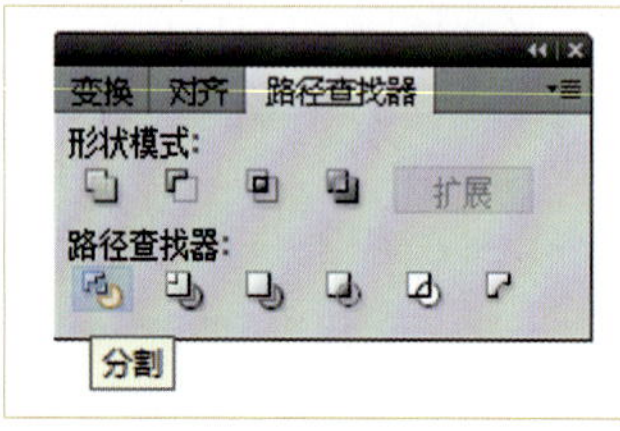

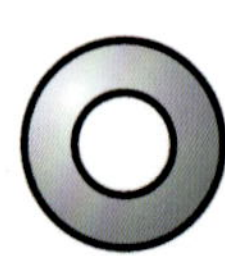

② 分割。同时选择两个圆形，执行“窗口”→“路径查找器”→“分割”命令。

③ 镂空效果。使用“直接选择工具”选择中间的小圆形，按 Delete 键删除，使大圆中间形成镂空状态。

（5）绘制绳子。绳子的绘制方法主要有两种，具体如下所述。

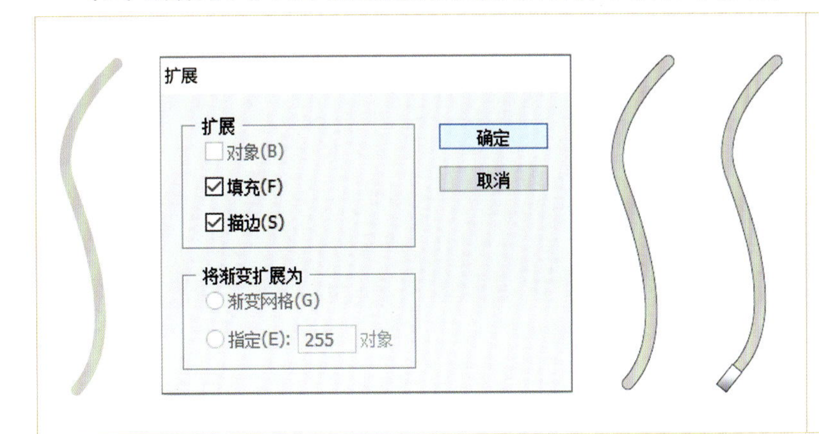

① 方法一：钢笔工具绘制路径（粗细与铆钉吻合），执行“对象菜单”→“扩展”命令，设置扩展相关选项，最后绘制金属头，完成绘制。

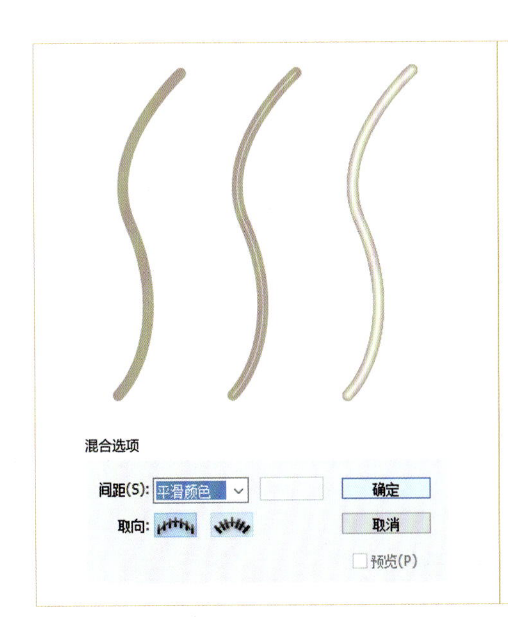

② 方法二：用钢笔工具绘制路径（粗细与铆钉吻合），复制路径，贴在前面，将复制的路径粗细设置成 0.25 pt，色彩设置调亮一度，双击工具箱中的混合工具，设置间距为“平滑颜色”，执行“对象”→“混合”→“建立”命令，弹出“混合选项”窗口。

提示：用混合的方法绘制的绳子更加具有立体感。

（6）完成裙子款式图绘制。具体如下所述。

将铆钉和绳子放到裙腰上，隐藏或删除“人体模板”，完成裙子款式图绘制。

提示：可以做多个人体模板，不同服装选择不同人体模板；服装的阴影和高光，可以直接绘制区域填充，也可以使用效果菜单中的模糊命令填充。

REFERENCES

参考文献

[1] 赵晓霞. 时装设计专业进阶教程3：时装画电脑表现技法 [M]. 北京：中国青年出版社，2012.

[2] 高亦文，孙有霞. 服装款式图绘制技法. 上海：东华大学出版社，2013.

[3] [美] 比尔•托马斯. 美国时装画技法 [M]. 白湘文，赵惠群，译，北京：中国轻工业出版社，1998.